KB213454

뉴욕맛집 완벽가이드
미식의 도시
뉴욕
세계의 푸디가 모이는 맛의 천국

뉴욕맛집 완벽가이드

★ ★ ★

미식의 도시 뉴욕

세계의 푸디가 모이는 맛의 천국

제이민 지음

중앙books
JoongAng Ilbo

AUTHOUR'S NOTE

미식의 도시, 뉴욕을 소개합니다.

다양한 문화가 혼재하는 뉴욕은 작은 지구입니다. 유대인이 크리스마스에 차이나타운에서 음식을 시켜 먹는 것이 새로운 전통이 되고, 중동의 할랄푸드가 직장인의 단골 점심 메뉴로, 그리고 나폴리 피자는 뉴욕 스타일의 라지 사이즈 피자로 재탄생합니다. 새로운 음식에 대한 거부감이 적은 뉴요커들은 맛있는 음식이 등장했다는 소문이 돌면 몇 시간씩 줄서기를 마다하지 않으며 전 세계의 미디어와 레스토랑 업계는 뉴욕에서 성공한 인기 맛집에 주목합니다. 이렇다 보니 어떤 실험이든 가능한 곳, 창의력을 바탕으로 크게 성공할 수 있는 뉴욕으로 실력파 셰프들이 몰리는 것은 당연합니다.

미디어의 파급력과 여행객의 증가 추세에 힘입어 뉴욕의 음식 문화는 국내에도 속속 전파되고 있습니다. 백화점 식품코너에는 뉴욕에서 탄생한 에그 베네딕트, 컵케이크, 치즈 케이크 브랜드가 들어와 있고, 강남에 1호점을 오픈한 쉐이크쉑 버거가 Made in New York의 상징처럼 여겨지기도 합니다. '뉴욕 맛집'이 포털 사이트의 검색어로 오르내릴 정도로 정보도 넘쳐납니다. 그런데 잘못된 정보를 전달받거나 언어적인 문제로 인해 큰마음 먹고 떠나온 뉴욕 여행에서 충분한 즐거움을 느끼지 못하는 사례도 종종 접하게 됩니다.

뉴욕 전문가로서, 맛있는 음식을 찾아다니는 푸디(foodie)로서, 더욱 많은 사람이 뉴욕을 제대로 즐기기를 바라며 책을 만들었습니다. 이 책은 평론가의 시각으로 접근한 미슐랭 가이드나, 사적인 취향을 반영한 음식 에세이와는 다른 접근방식을 취하고 있습니다. 책의 골격을 아침-점심-저녁으로 나누어 스케줄을 짜는 데 도움이 되도록 했고, 길거리 음식에서 최고급 파인다이닝까지 뉴욕을 대표하는 음식을 폭넓게 다루었습니다. 5년여의 자료 조사를 바탕으로 뉴욕의 음식 역사에 큰 영향을 끼쳤거나 뉴요커가 열광하는 메뉴가 있다면 그 이유까지 소개하였습니다. 또한, 복잡한 주문 방법이나 낯선 식재료에 관한 설명 등, 여행자의 관점에서 꼭 필요한 정보를 체계적으로 정리했습니다. 여행자는 물론이고 미식가와 레스토랑 창업자에게도 좋은 자료가 되었으면 합니다.

취재에 도움을 주신 뉴욕 현지의 셰프들과 레스토랑 관계자, 흥미로운 곳을 발견하면 잊지 않고 알려준 친구들, 이 책이 나오기까지 애써주신 중앙북스 편집팀, '미식의 도시 뉴욕' 시리즈를 지원해 준 네이버 포스트 담당자께 깊은 감사를 드립니다. 무엇보다 꾸준하게 응원해주시는 '옥탑방 인 뉴욕' 블로그 이웃들께 고마움을 전합니다.

제이민 드림

FOREWORD

일러두기

❤ 이 책의 구성 ❤

➠ 신뢰도 높은 선정방식

5년에 걸친 방대한 사전 조사를 통해 오랜 세월 명맥을 이어온 뉴욕의 전설적인 맛집과 로컬들이 사랑하는 동네별 맛집, 최신 트렌드에 부합하는 핫플레이스를 저자가 일일이 방문해 맛과 분위기와 서비스를 점검했다.

➠ 빅데이터 분석과 검증

뉴욕 맛집 관련 인기 검색어를 장기간 분석, 데이터에 기반을 둔 포스트를 작성해 파악한 국내 독자들의 선호도를 반영했다.

➠ 여행 일정에 맞춘 테마 구성

여행 일정 짜기에 실질적인 도움이 될 수 있도록 아침, 점심, 저녁, 디저트와 커피까지, 끼니별로 알맞은 메뉴를 모아 테마를 구성하였으며, 서브 카테고리로 추천 레스토랑을 나열했다.

➠ 실용적인 가이드

뉴욕여행 초보자부터 거주자까지, 뉴욕을 찾는 모든 이에게 유용한 핵심 정보를 수록했다. 맛집 선택하는 방법, 예약 방법, 주문 방법, 매너, 계산 방법 등 레스토랑과 관련된 실용적인 활용 팁을 모두 담았다.

❤ 시간 표시 ❤

시간대별로 메뉴가 달라지는 레스토랑은 식사 시간을 구분하여 표시했다. 점심과 저녁 사이 브레이크 타임을 갖는 경우를 유의할 것.

- **Breakfast 아침** 오전 이른 시간부터 문을 여는 곳.
- **Lunch 점심** 대략 12:00~15:00 사이.
- **Dinner 저녁** 대략 18:00~20:00 사이.
- **Brunch 브런치** 주로 주말 오전과 오후에 스페셜 메뉴가 준비된다.

❤ 가격 표시 ❤

1인 기준 대략적인 금액을 예시했다. 정확한 가격이 표시된 경우에는 세금(8.875%)과 팁을 추가로 계산해야 한다.(팁 상세정보 p.20 참조)

- **$** 10달러 미만
- **$$** 10~30달러
- **$$$** 31~60달러
- **$$$$** 61~100달러
- **$$$$$** 100달러 이상

❤ 사용한 기호 및 용어 ❤

SINCE 1981	레스토랑을 개업한 연도를 뜻함.
지역명	소호, 그리니치빌리지, 미드타운 등 뉴욕의 특색 있는 지역명을 함께 표기함. (동네별 소개는 p.8 참조)
SUBWAY	가장 가까운 지하철역과 노선 번호를 표기함.
현금결제	신용카드 사용이 불가능한 가게 표기함.
예약 권장	대부분의 뉴욕 레스토랑은 방문 후 대기하는 'Walk-in' 시스템으로 운영하지만, 기다리는 시간이 긴 가게는 '예약 권장' 또는 '예약 필수'로 표기함.
웨이팅	예약을 받지 않고 방문 후 대기해야 하는 레스토랑인 경우 표기함.
랭킹표시	미슐랭 가이드, 월드 50 베스트 레스토랑 등에 선정된 경우 표기함. (뉴욕의 레스토랑 평가기관에 관한 상세정보는 p.135 참조)
드레스코드	고급 레스토랑 방문 시에는 남녀 모두 비즈니스 캐주얼 차림이 적당하다. 남성은 재킷과 긴 바지를 준비한다. 짧은 반바지나 민소매 의상, 샌들, 모자 착용은 피한다.

❤ 주의 사항 ❤

이 책에 실린 정보는 2016년 11월까지 수집한 정보를 바탕으로 하고 있습니다. 저자가 수시로 바뀐 정보를 수집해 반영하고 있으나 업체 및 현지 사정에 따라 운영시간, 휴일, 요금, 메뉴, 영업 방침 등이 변경될 수 있습니다. 일부 뉴욕 레스토랑은 예약 후 전화 연락이 되지 않으면 임의로 예약이 취소되며, 온라인 예약시스템의 오류가 발생할 수 있으니 방문 며칠 전 재차 확인이 필요합니다. 여행 중 변경된 정보를 발견하셨다면 아래로 연락 부탁드립니다.

- **저자 이메일 제이민** nydelphie@naver.com
- **편집부 전화** 02-6416-3892

Manhattan Neighborhoods
뉴욕 맛집 지도
헤럴드스퀘어
대중적인 쇼핑가. 한국 음식이 그리울 때는 32nd Street의 한인타운으로.
첼시 & 미트패킹
낮에는 첼시마켓과 하이라인파크를 찾아오는 여행자로, 밤에는 힙스터와 셀럽으로 붐비는 핫플레이스.
그리니치빌리지
예술가들이 모여드는 문화의 중심지. 워싱턴스퀘어파크 주변에 카페와 태번, 재즈바가 자리 잡고 있다.
소호 & 놀리타
명품 매장부터 편집숍, 아기자기한 맛집까지, 뉴욕의 트렌드를 한눈에! 복잡한 골목 사이사이를 누비는 재미가 있다.
트라이베카
로컬 취향의 레스토랑과 카페가 즐비한 허드슨 강변 부근의 동네. 트라이베카의 입맛을 사로잡는다면 스타 셰프로 가는 지름길!
사우스스트리트시포트
브루클린 다리 아래, 19세기 뉴욕의 모습이 고스란히 남아있는 낭만적인 옛 항구와 골목.
Chelsea
Flatiron
Greenwich Village
Union Square
Soho
East Village
Tribeca
Nolita
Bowery
Little Italy
Financial District
China Town
Lower East Side
Battery Park

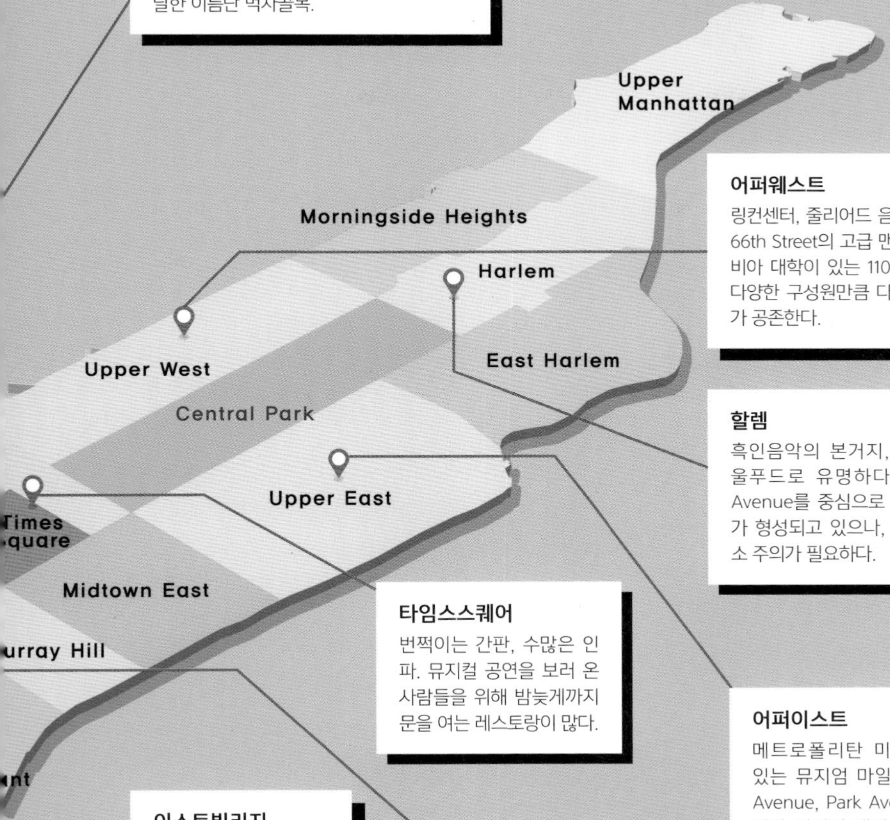

헬스 키친

미드타운 서쪽, 9th Avenue를 중심으로 발달한 이름난 먹자골목.

어퍼웨스트

링컨센터, 줄리어드 음대가 있는 66th Street의 고급 맨션과 컬럼비아 대학이 있는 110th Street. 다양한 구성원만큼 다양한 문화가 공존한다.

할렘

흑인음악의 본거지, 할렘. 소울푸드로 유명하다. Lenox Avenue를 중심으로 맛집 거리가 형성되고 있으나, 밤에는 다소 주의가 필요하다.

타임스스퀘어

번쩍이는 간판, 수많은 인파. 뮤지컬 공연을 보러 온 사람들을 위해 밤늦게까지 문을 여는 레스토랑이 많다.

어퍼이스트

메트로폴리탄 미술관이 있는 뮤지엄 마일과 5th Avenue, Park Avenue를 따라 럭셔리 맨션과 쇼핑가, 고급 레스토랑이 즐비하다.

이스트빌리지

세계 음식을 모두 모아 놓은 뉴욕의 경리단길.

그래머시

우아함이 돋보이는 주택가에 어울리는 차분한 레스토랑과 카페.

로어이스트

클러버라면 로어이스트로! 신분증은 필수.

리틀이탈리아

뉴욕 속 작은 이탈리아. Mulberry Street의 노천 테이블에서 피자와 파스타 맛보기.

Upper Manhattan

Morningside Heights

Harlem

Upper West

East Harlem

Central Park

Upper East

Times Square

Midtown East

urray Hill

nt

C O N T E N T S

Today's
SPECIAL
THE BEST CHOICE
for
YOU

C O N T E N T S

HOW TO ORDER

美食 TALK

SPECIAL TIP

달콤하다 #뉴욕디저트

P.191
P.174
P.189
CHOBANI
P.199
P.186
P.190
The Empire State
TAXI
PARK AVE
TRANSIT
F
P.196
P.113
P.58
P.198
P.131
P.187

굿모닝 #브런치카페

이건 꼭 먹어야 해 **#뉴욕명물**

믿고먹는 #스타셰프

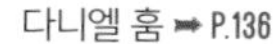

❤ 레스토랑 영어회화 ❤

1 입장하기 → 2 원하는 자리 요청하기 → 3 음료 주문하기 →
4 식사 주문하기 → 5 식사 중 요청하기 → 6 계산하기

1 입장하기

고객
- 예약 없이 방문했을 때 "(Can we have) a table for two, please."
- 예약했다면 인원과 시간, 예약자 명을 말한다. "I have a reservation for four at six o'clock, under the name of Carrie."

직원
- 자리가 있을 때 "Of course. Please come this way."
- 자리가 없을 때 "We're fully booked at the moment."
- 테이블을 준비 중이거나 예약한 일행이 아직 도착하지 않았다면 보통 바에 앉아 기다리도록 안내한다. "Would you like to wait in the bar?" 이때 바에서 음료를 주문했다면 테이블로 이동하기 전 바텐더에게 음료 값과 팁(한 잔에 $1~2 정도)을 먼저 계산해주는 것이 관례다. 기다리는 동안 음료를 마시지 않으려면 "No, thanks"라고 거절해도 된다.

2 원하는 자리 요청하기

레스토랑에 좌석 여유가 있다면 마음에 드는 자리를 요청할 수 있다. 단, 식사 테이블마다 담당 서버가 정해져 있어서 중간에 임의로 자리를 옮기면 서버 간에 팁 문제가 발생할 수 있으니 주의할 것. 예약 시 원하는 자리를 미리 말해두는 것이 가장 좋다.

고객
- 창가 자리를 원할 때 "Can I have a table by the window, please?"
- 안쪽 자리를 원할 때 "Could we have a seat away from the door?"
- 마음에 드는 자리를 가리키면서 "Do you mind if I sit there?"

3 음료 주문하기

직원
- 자리에 앉으면 곧바로 음료 주문 여부를 묻는다. "Anything to drink?"

고객
- 무료로 제공되는 물만 마시려면 "Tab water is fine, thanks."
- 유료 스파클링 워터는 보통 2~3인용 병으로 주문한다. "Sparkling water for the table, please."
- 탄산음료 한 잔 주문하기 "A glass of coke/sprite/soda, please."
- 기본 와인(잔) 주문하기 "Two glasses of house wine, please."
  *주류 주문시 신분증을 확인하기도 한다.

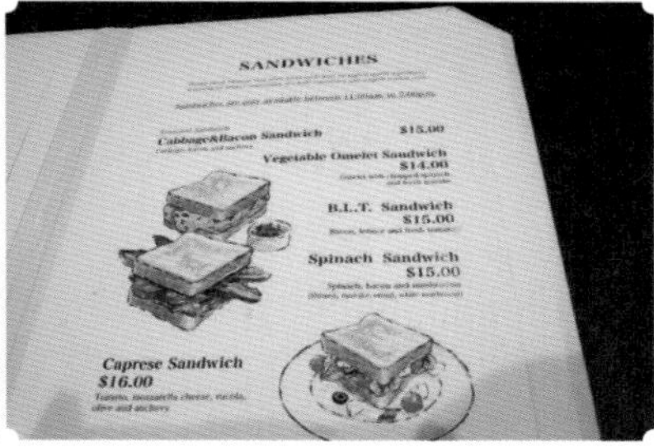

4 식사 주문하기

직원 • 주문할 준비가 되었는지 묻는다. “Are you ready to order?”

고객 • 아직 결정하지 못했다면 “Can I have a little more time?”

• 메뉴명을 말해주거나 손으로 가리키며 “I would like to have…”

• 어떤 음식인지 모를 때 추가설명을 요청하려면 “What is this exactly?”

• 메뉴에 적혀 있지 않은 스페셜 메뉴가 있는지 확인하려면 “What’s today’s special?” (대개 직원이 먼저 설명해준다)

• 추천 메뉴를 주문하려면 “What’s your favorite dish on the menu?”

• 분량이 어느 정도인지 확인하려면 “Is this dish big enough to share?”

• 음식을 덜 짜게 주문하려면 “Could you please use less spice/salt?”

• 알레르기가 있거나 피하고 싶은 음식이 있다면 꼭 말해둔다. “I am allergic to peanuts.” “Does this have any onion in it?”

5 식사 중 요청사항

직원 • 식사 중간에 음식이 마음에 드는지 묻는다. “How is everything?” “Is everything alright?”

고객 • 음식이 아주 맛있다면 “Great, thanks.”

• 괜찮은 편이라면 “Fine, thanks.”

• 무료 식전 빵을 추가로 요청하려면 “Can I have more free bread, please?”

6 계산하기

고객 • 직원에게 먼저 계산서 요청하기 “(Can I have the) check please?”

• 직원이 디저트 주문 여부를 물을 때 거절하면서 계산서를 요청하려면 “No, just the check please.”

❤ 팁 계산하는 방법 ❤

계산서에는 1 음식 가격에 2 세금Tax을 더한 청구액이 적혀 있다. 테이크아웃을 제외한 레스토랑에서는 반드시 3 팁Tip을 줘야 한다. **팁**은 음식 가격의 15%(점심)~20%(저녁) 정도가 통상적이다. 단, 계산서에 'gratuity (service charge) included'라는 항목이 있다면 팁을 이미 포함한 최종 금액이라는 뜻이다. 모바일 애플리케이션Tip Calculator을 다운받아 사용하면 편리하다.

— 계산서 —

NYC RESTAURANT
NEWYORK STREET, NYC

1 French Toast	18.00
1 Benedict	18.00
1 Juice	3.00
1 Coffee	3.00
1 food	42.00
2 tax	3.73
1 + 2 **SUBTOTAL**	**45.73**

Thank you for dining at NYC Restaurants

— 카드영수증 —

NYC RESTAURANT
NEWYORK STREET, NYC

Server: NYC
01:30pm
Table 3/1

SALE

Visa
Card #XXXXXXXXXX1234
Auth Code XXXXXXXXX

청구액	**SUBTOTAL**	**45.73**
3	TIP	$ 7.00
최종 금액	TOTAL	$ 52.73
	SIGNATURE	Jey Min

» MERCHANT COPY «

➡ 신용카드로 계산하기

계산서의 청구액을 확인하고 신용카드를 계산서 홀더에 끼워넣는다. 웨이터가 신용카드를 가져갔다가 임시 결제된 영수증을 두 장 가져다주면, 둘 중 Merchant Copy의 공란에 팁과 최종 금액을 써넣고 사인한다. 사인한 영수증은 테이블에 놓고 나간다.

➡ 현금으로 지불하기

계산서의 청구액과 팁을 합한 최종 금액을 테이블에 두고 나간다. 거스름돈을 받기 위해 자리에서 기다릴 경우 대부분의 웨이터는 팁을 미리 챙기지 않고 잔액을 거슬러 주는데, 이때 팁을 주면 된다. 기다려도 웨이터가 거스름돈을 주지 않으면 "Change, please."라고 요청할 것.

SPECIAL TIP

레스토랑 예약하기 "예약 시간은 꼭 지켜주세요"

고급 레스토랑이나 인기 레스토랑은 예약을 하고 방문하는 것이 좋다. 상당수의 뉴욕 레스토랑은 온라인 예약 사이트 **오픈테이블**(www.opentable.com)을 통해 예약할 수 있다. 예약을 완료하면 방문 전 레스토랑에서 확인 전화를 걸어오는데, 미국 내 전화번호가 없다면 예약 시 이메일 주소를 기재하고 메일로 연락 달라는 코멘트를 남기면 된다.

주의사항 예약 시간보다 15분 이상 늦으면 자동으로 예약이 취소되며, 사전 연락 없이 예약을 지키지 않으면 계정이 정지된다. 모바일 애플리케이션을 다운받으면 예약 변경과 취소가 편리하다.

❤ 뉴욕 일주일 맛집 예산 짜기 ❤

	SAT	DAY 1	DAY 2	DAY 3	DAY 4	DAY 5	DAY 6	DAY 7
9:00	뉴욕 도착		스낵					
		브런치				브런치		브런치
					스낵			
12:00				프리픽스 런치				
			레스토랑				레스토랑	
					디저트			
						디저트		윌리엄스 버그
		디저트						
18:00	레스토랑							
				스낵	스테이크			
		쉐이크쉑 버거	피자			고급 디너	레스토랑	뉴욕 출발
				디저트				

항목	상세	비용 (USD) 1인 기준	횟수	계	상세 내용
	레스토랑	$35.00	4	$140.00	일반 레스토랑에서의 단품 식사
	스낵	$15.00	3	$45.00	샌드위치류의 간단한 식사
	디저트	$15.00	4	$60.00	케이크, 아이스크림 등 간식류
	브런치	$30.00	3	$90.00	뉴욕스타일 브런치
	쉐이크쉑 버거	$15.00	1	$15.00	싱글버거, 감자, 셰이크 등
	피자	$20.00	1	$20.00	뉴욕스타일 피자 및 사이드 메뉴 (2인 기준 약 $40)
	스테이크	$70.00	1	$70.00	포터하우스 스테이크 및 사이드 메뉴 (2인 기준 약 $140)
	프리픽스 런치	$60.00	1	$60.00	누가틴 앳 장 조지 기준 런치 메뉴
	최고급 디너	$200.00	1	$200.00	스타셰프급 고급 레스토랑 (종류에 따라 가격이 크게 달라짐)
	윌리엄스버그 축제	$20.00	1	$20.00	여러 가지 스트리트 푸드
	음료	$4.00	16	$64.00	커피, 음료 (하루 2회 기준) 총 16 회
	총계 (달러)			**$784.00**	* 대략적으로 산정한 1주일 식비
	총계 (원화)			**₩862,400**	* 환율 1,100원 기준으로 환산

HOT SPOTS IN NEWYORK

뉴욕 핫플레이스

지금 이 순간, 뉴욕의 트렌드세터들이 가장 주목하는 레스토랑은 어딜까? 화제성, 음식 맛, 서비스, 인테리어, 분위기를 모두 고려해 뉴욕에 왔다면 꼭 가볼 만한 진짜 핫플레이스를 모았다.

장조지의 트렌디 레스토랑

ABC KITCHEN - SINCE 2010

뉴아메리칸
유니언스퀘어

에이비시 키친은 뉴요커의 취향과 입맛을 모두 사로잡은 미슐랭 스타 셰프 장조지p.131의 레스토랑이다. ABC가 'Always Bursting with Celebrities (언제나 셀럽으로 붐빈다)'의 약자라는 조크가 통할 정도로 인기가 많아 예약 없이는 방문이 어렵다.

같은 건물에 있는 고급 인테리어 매장 ABC Carpet & Home에서 큐레이팅한 실내는 천연 소재로 꾸며져 있어, 마치 숲에서 식사하는 기분이다. 로컬에서 수확한 신선하고 안전한 재료만을 사용하겠다는 Farm to Table 철학이 담긴 음식은 하나같이 산뜻한 풍미를 자랑한다.

레몬 아이올리소스를 얹은 게살 토스트, 세비체와 칼라마리 등 상큼한 해산물 요리를 애피타이저로 선택하자. 페이스트리 셰프를 전담으로 두고 있어 디저트도 맛있다.

WHAT'S NEW?

ABC 코치나

바로 옆 블록에는 ABC 키친의 라틴 아메리카 버전인 ABC Cocina도 있다.

ADD | 38 E. 19th Street

PRICE | $$$ OPEN | Lunch 평일 12:00~15:00, Dinner 매일 17:00~22:00, Brunch 주말 11:00~15:00
WEB | www.abckitchennyc.com ADD | 35 E 18th Street
SUBWAY | 지하철 14 St-Union Square (4, 5, 6, L, N, Q, R, W호선)
MENU | Crab toast, Tuna sashimi, Ricotta ravioli, 런치프리픽스 KEYWORD | 장조지, 맛있다, 예약 필수

최고의 데이트 스폿

L'ARTUSI - SINCE 2008

이탈리안
그리니치빌리지

저녁 시간과 일요일 브런치 시간에만 문을 여는 **라투시**는 사랑하는 연인과 함께라면 특히 가볼 만한 데이트 스폿. 실내 조명은 유독 어두운 편이고, 입구부터 긴 바 테이블로 꾸몄다.

1층 안쪽의 오픈 키친에서는 마리오바탈리 레스토랑 출신 셰프들이 맛깔스러운 파스타를 내놓는다. 예약할 때 Chef's Counter를 지정하면 키친 바로 앞에서 특별한 식사를 할 수 있다. 식사 메뉴는 Crudo(날 생선류), Verdura(채소류), Pasta(파스타), Pesce(생선류), Carne(육류)의 다섯 가지로 구분되고, Crudo와 Pasta쪽에서 고르는 것이 무난하다. 이탈리안 요리를 모던하게 해석해 소스의 맛이 대체적으로 깔끔하고 가벼운 편이다.

PRICE | $$$ OPEN | Dinner 매일 17:30~23:00, Brunch 일요일 11:00~15:00 WEB | www.lartusi.com
ADD | 228 W 10th Street SUBWAY | 지하철 Christopher St(1호선)
MENU | Tagliatelle with Bolognese Bianco, Charred Octopus
KEYWORD | 예약 필수, 뉴욕 데이트 맛집, 클럽 분위기

미슐랭 별 받은 블루 치즈버거

SPOTTED PIG - SINCE 2004

개스트로펍
그리니치빌리지

180년 된 클래식한 건물에 별도의 사인보드 없이 얼룩 돼지Spotted pig 모형을 내건 **스포티드 피그**. 제이지Jay-Z가 초기 투자자로 참여해 유명세를 탔으며, 주드 로, 루크 윌슨, 카니예 웨스트, 테일러 스위프트 같은 셀러브리티가 목격되는 핫플레이스다.

1, 2층 모두 바와 테이블을 태번 컨셉트로 배치한 개스트로펍(gastropub: 맛있는 요리가 나오는 영국식 술집)에서 오너 셰프인 에이프릴 블룸필드April Bloomfield가 계절감 있는 영국&이탈리안 요리로 대중을 사로잡았다.
스포티드 피그를 유명하게 만든 메뉴는 차그릴드 버거. 두툼한 패티 위에 세계 3대 블루 치즈 중 하나인 로크포르Roquefort 치즈를 얹어 풍미를 살린 수제버거에 감자를 얇게 튀겨낸 슈스트링Shoestring이 곁들여 나온다. 로즈마리를 함께 튀겨 향이 좋지만 매우 짠 편이니, 소금의 양을 줄여달라고 부탁해도 좋다. 저녁에는 대기 시간이 길다.

PRICE | $$$ OPEN | Lunch 평일 12:00~15:00, Dinner 매일 17:30~02:00, Brunch 주말 11:00~15:00, Bar Menu 매일 15:00~17:00 WEB | www.thespottedpig.com
ADD | 314 W 11th Street (at Greenwich Street) SUBWAY | 지하철 Christopher St (1호선)
MENU | Chargrilled burger, Ricotta cheese gnudi KEYWORD | 미슐랭☆, 예약 불가

우아한 정원 느낌 정중한 서비스

GRAMERCY TAVERN - SINCE 1994

뉴아메리칸
그래머시

오전 11시 45분, **그래머시 태번** 앞에 사람들이 모여들기 시작한다. 12시 정각, 마침내 그래머시 태번의 문이 열리면 입구의 직원에게 '태번' 또는 '다이닝룸'이라고 말하고 자리를 안내받는다. 일찌감치 줄을 선 이들은 대부분 태번 섹션에 앉는다. 쉐이크쉑 버거의 창시자로 더 유명한 대니 마이어*지만, 그래머시 태번이야말로 그의 기획력이 돋보이는 성공작이다. 파인다이닝의 고급스러움을 유지하되, 태번과 다이닝룸으로 공간을 나눠 손님의 기호에 따라 자리를 선택하도록 배려했다. 스테이크와 버거를 구워내는 그릴 앞의 태번에서는 $20~30 내외의 단품메뉴(à-la-carte), 안쪽의 다이닝룸에서는 5코스 테이스팅 메뉴(런치 기준 $65)를 선호한다.

주재료와 완벽하게 어울리는 제철 채소 요리로 정평이 난 마이클 앤서니Michael Anthony 셰프의 음식은 최고 수준이며, 서비스도 세심하다. 플로리스트 벤다비드Roberta Bendavid의 풍성한 꽃과 열매 장식은 쿠시너Robert Kushner의 벽화와 어우러져 목가적인 분위기를 만들어낸다. 옐프 리뷰 2000개에 달하는 레스토랑의 평점이 별 4개 반을 유지하는 것은 그만큼 꾸준히 사랑받는 레스토랑임을 의미한다.

PRICE | $$$($) OPEN | 태번 12:00~23:00, 다이닝룸 Lunch 12:00~13:30, Dinner 17:30~22:00
WEB | www.gramercytavern.com ADD | 42 E 20th Street SUBWAY | 지하철 14 St-Union Square (4, 5, 6, L, N, Q, R, W호선) MENU | 태번: 버거 등 단품 메뉴, 다이닝룸: 테이스팅 메뉴
KEYWORD | 미슐랭☆, W50B, 대니 마이어, 태번 예약 불가, 다이닝룸 예약 권장, 드레스코드

*Danniel (Danny) Meyer: 뉴욕의 대표적인 레스토랑 기획자. 유니언 스퀘어 카페, 그래머시 태번, 더 모던, 마이알리노, 쉐이크쉑 버거 같은 히트작을 탄생시켰다.

오바마 대통령도 다녀간 로맨틱 플레이스

ESTELA - SINCE 2013

스패니시/아메리칸
놀리타(소호)

© Tuukka Koski

© Tuukka Koski

오픈 3년 만에 월드 50 베스트 레스토랑으로 선정된 **에스텔라**는 오바마 대통령 부부가 데이트한 장소로도 유명하다. 스페인의 타파스와 뉴아메리칸을 접목한 스몰 디시로 세계를 매료시킨 이 작은 레스토랑은 사실 와인바에 가깝다. 평일에는 오후 늦게 문을 열고, 주말에는 브런치에 어울리는 달걀 요리를 메뉴에 추가한다.

에스텔라에서 꼭 맛봐야 할 음식은 리코타 덤플링. 슬라이스된 하얀색의 버섯 속에 숨겨진 크리미한 리코타 치즈와 소스 속 페코리노 사도 pecorino sardo 치즈의 짭짤함이 조화롭다. 참고로, 오바마 대통령이 선택한 메뉴는 부라타 치즈, 크로켓 그리고 엔다이브 샐러드였다고.

블루힐p.30에서 음료 담당자로 일했던 토머스 카터의 풍부한 와인 컬렉션도 방문 포인트이다.

© Tuukka Koski

© Marcus Nilsson

PRICE | $$$ OPEN | Dinner 매일 17:30~23:00, Brunch 주말 11:30~15:00 WEB | www.estelanyc.com
ADD | 47 E Houston Street SUBWAY | 지하철 Prince St(R, W호선)역 또는 Broadway-Lafayette St (B,D,F,M호선)
MENU | Ricotta dumpling, Burrata with salsa verde, Beef tartare, Croquettes
KEYWORD | W50B, 데이트 맛집, 예약 필수(30일 전부터 홈페이지 또는 전화로 접수)

로마풍의 사랑스러운 레스토랑

MAIALINO - SINCE 2009

이탈리안
그래머시

그래머시파크 호텔 1층의 로마풍 트라토리아 **마이알리노**는 이탈리아어로 '새끼 돼지'를 뜻한다. 홈메이드 파스타나 브런치 메뉴를 찾는 손님이 주를 이루지만, 돼지 부속물을 활용한 이탈리안 요리를 뉴요커에게 소개하고 싶다는 기획 의도에 맞게 새끼 돼지머리를 통째로 구워낸 Crispy Suckling Pig Face Salad 같은 스페셜 메뉴도 있다.

이른 아침에는 호텔 투숙객을 위한 브렉퍼스트, 점심에는 가벼운 샌드위치, 주말에는 브런치, 저녁에는 로맨틱한 디너 플레이스. 시간대별로 변신하는 마이알리노는 누구나 사랑할 법한 분위기의 레스토랑이다. 2016년 봄, 대니 마이어p.27가 팁 없는 레스토랑을 선언하면서 체크 셔츠와 앞치마를 산뜻하게 차려입은 서버들의 서비스는 더욱 완벽해졌다.

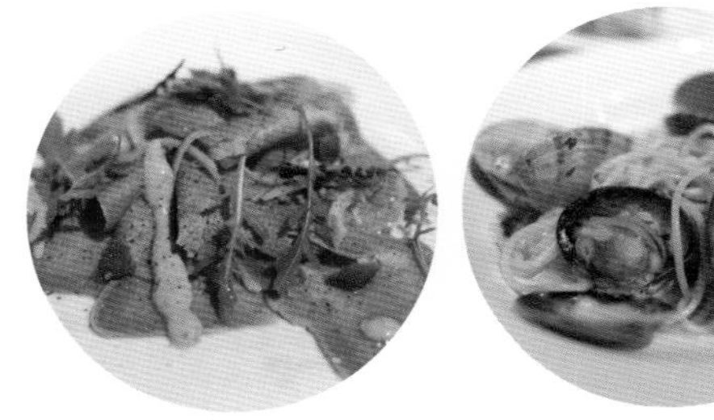

PRICE | $$$ OPEN | Breakfast 평일 07:30~10:00, Lunch 평일 12:00~14:00, Dinner 매일 17:30~10:30, Brunch 주말 10:00~14:30 WEB | maialinonyc.com ADD | 2 Lexington Avenue, Gramercy Park Hotel 1F
SUBWAY | 지하철 23 St (6호선) MENU | Charred octopus, Cacio e pepe, 런치프리픽스
KEYWORD | 대니 마이어, 예약 권장, 팁 없음

재료의 신선함과 좋은 마음을 담아

BLUE HILL - SINCE 2000

뉴아메리칸
그리니치빌리지

뉴욕 출신의 댄 바버Dan Barber 셰프는 농장을 직접 경영하며 음식을 연구하는 자연주의 퀴진의 대가다. 워싱턴스퀘어파크 바로 옆의 **블루힐** 맨해튼 점에서 뉴욕 근교의 스톤반즈Stone Barns 농장과 매사추세츠의 자체 농장에서 직접 생산한 재료로 만든 요리를 선보인다.

"채소, 곡물, 가축을 생산하는 모든 과정을 하나로 아우르는 음식을 만들겠다"는 그의 철학은 2016년, 월드 50 베스트 레스토랑에 블루힐의 이름을 올리며 결실을 맺었다. 최근 국내 TV 프로그램 '쿡가대표'의 셰프들이 블루힐에서 컬래버레이션 갈라디너를 펼친 바 있다.

PRICE | $$$$ OPEN | Dinner 매일 17:00~22:00 WEB | www.bluehillfarm.com ADD | 75 Washington Place
SUBWAY | 지하철 W 4 St (A,B,C,D,E,F,M호선) MENU | 4코스 테이스팅 메뉴($88) 또는 6코스 Farmer's Feast ($98)
KEYWORD | 미슐랭☆, W50B, 예약 필수, 비즈니스 캐주얼, 쿡가대표

美食 TALK

텃밭의 싱싱함 그대로 "Farm to Table"

정성스럽게 길러낸 품질 좋은 식재료를 테이블로 옮긴다는 뜻의 팜 투 테이블Farm to Table은 로컬 음식을 더 잘 이해하자는 취지에서 출발했다. 테루아(terroir; 포도가 자라는 기후나 토양을 포함한 재배환경)가 와인의 맛과 향에 고스란히 표현되듯, 식재료가 생산되는 지역의 지리적, 기후적 특성과 문화를 음식에 반영하자는 것이다.

롱아일랜드의 작은 농장에서 기른 채소와 과일, 동부 연안의 바닷가에서 채취한 신선한 해산물, 근교의 목장에서 방목한 소의 우유와 치즈, 버터를 사용하기 위해 셰프들이 직접 재료를 찾아나서는 일이 잦아졌다. 이 과정에서 받은 영감을 담은 음식은, 무겁고 기름진 음식보다는 담백함을 추구하는 트렌드와 맞물려 꾸준히 호응을 얻고 있다. ABC 키친과 그래머시 태번, 블루힐, 일레븐 매디슨 파크 등의 레스토랑이 로컬 식재료의 사용을 강조하는 이유도 여기에 있다.

Photo courtesy of Blue Hill (Portrait © Susie Cushner; Egg Tray © Andre Baranowski; Food © Thomas Delhemmes; Interior © Ben Alsop)

DBGB Kitchen and Bar by Daniel Boulud p.141 ©Guillaume Gaudet

HIDDEN GEM IN NYC

뉴욕, 히든 플레이스

문을 스윽 밀고 들어서면 느껴지는 따스함. 불그레한 불빛과 나무 테이블이 주는 편안함. 너무 시끄럽지도, 또 너무 조용하지도 않은 적당히 편안한 공간에서 밀린 이야기를 나누고 기분 좋은 식사를 할 수 있는 곳. 친한 친구가 뉴욕에 놀러 온다면 데려가고 싶은 예쁜 동네, 뉴욕 다운타운의 숨겨진 레스토랑을 모았다.

기본에 충실한 파스타

LUPA OSTERIA ROMANA - SINCE 1999

이탈리안
그리니치빌리지

로만 파스타 전문점 **루파**에서는 지극히 심플한 파스타 한 접시가 담백한 감동을 선사한다. 스타 셰프 마리오 바탈리p.144가 미식가라면 누구나 꿈꾸는 로마 골목의 자그마한 동네 식당을 뉴욕에 재현한 것. 치즈와 후추를 뜻하는 '카쵸 에 페페'는 얇고 납작한 바베테면Bavette에 페코리노 치즈를 녹여내고 블랙 페퍼만으로 향을 낸 로마의 전통 파스타다. 속이 빈 통통한 부카티니면Bucatini을 사용한 아마트리치아나는 이탈리안 베이컨 구안치알레Guanciale, 적양파, 토마토가 들어가 약간 매콤한 맛을 낸다.

파스타의 가격은 $18~20선, 메인 요리는 $21~30선이며, 평일 점심시간의 3코스 테이스팅 메뉴(약 $25)도 괜찮다. 400여 종의 와인도 보유하고 있다.

PRICE | $$$ OPEN | Lunch & Dinner 11:30~23:00 WEB | luparestaurant.com ADD | 170 Thompson Street
SUBWAY | 지하철 Houston St (1호선) 워싱턴스퀘어파크 남쪽으로 5분 MENU | Bavette Cacio e Pepe, Bucatini All'Amatriciana, Octopus with Salsa Verde
KEYWORD | 마리오 바탈리, 로마풍의 맛있는 파스타, 숨은 맛집

빈티지한 통나무집

JOSEPH LEONARD - SINCE 2009

뉴아메리칸
그리니치빌리지

조셉 레너드는 통나무 오두막 같은 인테리어의 아메리칸 레스토랑이다. 입구의 바에서는 유쾌한 바텐더와 손님들이 떠들썩한 분위기를 연출하고, 낮은 계단 위 창가 자리에서는 오픈 키친에서 바쁘게 요리 중인 셰프들과의 눈인사도 가능해 동네 사랑방처럼 정감이 넘친다.

브런치 $15~20, 메인 메뉴가 $26~30 선이고, 콜리플라워나 브러셀스프라우트 샐러드도 추천. 지하철역과 가까워 가볍게 칵테일이나 맥주 한잔 하기에 좋다.

PRICE | $$($) OPEN | Breakfast & Lunch 평일 08:00~15:30 (월 10:30부터), Brunch 주말 09:00~16:00, Bar & Dinner 매일 16:00~24:00 ADD | 170 Waverly Place SUBWAY | 지하철 Christopher St (1호선)
WEB | josephleonard.com MENU | Caramelized Cauliflower, Crispy Braised Pork Hock
KEYWORD | 예약 불가, 브런치, 주말 데이트

동네 괜찮은 카페 발견!

TARTINE - SINCE 1991

프렌치 비스트로
그리니치빌리지

그리니치빌리지의 한적한 주택가 골목에서 25년째 영업 중인 매력적인 프렌치 비스트로이자 베이커리 카페, **타르틴**. 실내 테이블은 불과 5개 남짓하지만 따뜻한 계절에는 가게 밖의 파티오에서 한가로운 시간을 만끽하기에 좋다.

오전 시간에는 접시만 한 크기의 애플 팬케이크, 프렌치 토스트 같은 가정식 브런치가 주력 메뉴. 저녁에 와인 한 병 들고 찾아가면 튜나 타르타르, 에스카르고 같은 가벼운 프렌치 요리를 $14~16 정도에 먹을 수 있다.

PRICE | $$ OPEN | Brunch 평일 09:00~12:00, 주말 10:00~16:00, Lunch 평일 12:00~16:00, Dinner 17:30~22:00
ADD | 253 W 11th Street WEB | tartine.nyc SUBWAY | 지하철 Christopher St (1호선)
MENU | Pancakes, Eggs benedict, Tuna tartare
KEYWORD | 예약 불가, 현금 결제, 조용, 빈티지, BYOB* (코키지 비용 없음)

*BYOB(Bring Your Own Bottle) : 와인이나 맥주를 직접 가져가 마시는 것.

자유의 여신상이 보이는 강변 레스토랑

GIGINO AT WAGNER PARK - SINCE 2011

이탈리안
로어맨해튼

와그너파크는 허드슨 강변 산책로가 끝나는 배터리파크 바로 옆에 있는 작은 공원이다. 일렁이는 물결 너머로 자유의 여신상이 보이고, 잔디밭에서는 아이들이 뛰노는 탁 트인 전망.

지지노 앳 와그너파크는 이러한 풍경을 고스란히 감상하며 식사할 수 있도록 공원 입구의 전망대를 개조한 노천 레스토랑을 만들었다. 트라이베카에 본점이 있으며 토스카나 지역의 요리를 전문으로 하는데, 음식 그 자체보다도 강변의 경치를 만끽하기 위해 찾을만한 곳이다.

자유의 여신상에 조명이 켜지고 하늘이 붉게 물드는 해 질 녘의 와그너파크는 잊지 못할 뉴욕의 밤으로 남을 것이다.

PRICE | $$($) OPEN | Lunch 매일 11:30~16:00, Dinner 매일 16:00~22:00 ADD | 20 Battery Place
WEB | gigino-wagnerpark.com SUBWAY | 지하철 Bowling Green (4,5호선)에서 도보 5분
MENU | Tagliatelle, Cozze A Modo Mio (홍합),
KEYWORD | 맑은 날 방문하기, 최고의 전망, 다소 비싸요

● 개방형 축제
◎ 유료/예약이 필요한 축제
* 원의 크기가 클수록 중요한 이벤트다.

SPRING

- ● SMORGASBURG (4~11월)
- ● Mad.Sq.Eats (5월)
- ● Ninth Ave Food Truck (5월)
- ● Amsterdam Ave Festival (5월)
- ● Taste of Tribeca (5월)
- ● Garment Dist. Spring (5월)
- ◎ NYC Vegetarian Food Festival (5월)

SUMMER

- ● Broadway Bites (6월)
- ● NYC Craft Beer Festival (6월)
- ◎ Brooklyn Eats (6월)
- ● Nathan's Hot dog contest (7월4일)
- ◯ NYC Restaurant Week (8월)

FALL

- ● Annual Feast of San Gennaro (9월 19일)
- ● Columbus Ave Festival (9월)
- ◎ Taste of Williamsburg (9월)
- ● Mad.Sq.Eats (9월)
- ● Broadway Bites (10월)
- ◎ Oyster Week (10월)
- ◯ Oktoberfest (10월)
- ◎ NYC Wine & Food Festival (10월)

WINTER

- ● Christmas Market (12~1월)
- ◯ Restaurant Week (2월)

FOOD FESTIVAL IN NEWYORK

먹고 마시는 축제의 도시, 뉴욕

경치 좋은 강변에서, 도심의 작은 스퀘어에서, 평소 자동차가 다니던 큰길에서, 뉴요커들은 먹고 마시고 웃고 떠들기를 즐긴다. 맛있는 음식이야말로 만국 공통어. 현지인과 관광객 모두가 열광하는 레스토랑 위크나 길거리 푸드트럭 축제에 참여하다 보면 자연스럽게 로컬 문화에 녹아들곤 한다. 별다른 준비 없이 참가할 수 있는 음식축제를 정리했다.

미식가를 위한 최고의 이벤트, 뉴욕 레스토랑 위크

맛있는 코스 요리를 할인된 가격에 먹을 수 있는 **NYC Restaurant Week**는 예산이 부족한 여행자의 고민을 해소해주는 맛집 세일 기간이다. 명성 높은 스타 셰프의 레스토랑, 스테이크 하우스는 물론, 뉴욕 현지화에 성공한 한식 레스토랑도 참여해 선택의 폭이 넓다는 점도 매력. 레스토랑 위크를 프로모션 기회로 삼아 새로운 메뉴를 선보이기도 한다.

- **홈페이지** www.nycgo.com/restaurant-week
- **기간** 1년에 두 번씩, 약 2주 간 진행. 겨울 시즌은 1월 말~2월 중순, 여름 시즌은 7월 말~8월 중순 사이로 정해진다. 시즌이 다가오면 공식 홈페이지에 행사기간과 예약 개시일, 참여 레스토랑 목록과 메뉴를 공지한다.
- **가격** 모든 참여 업체는 동일한 가격으로 식사를 판매한다. 애피타이저, 메인, 디저트로 구성된 3코스 메뉴가 런치 $30, 디너 $42. 음료와 세금, 팁은 포함되지 않은 가격이다.
- **참여방법** 1 홈페이지에서 종류별, 지역별 레스토랑을 확인. 2 링크의 오픈테이블 계정을 통해 예약 후 3 방문한다. 인기 레스토랑은 빠르게 예약이 마감되는 편이다. 예약 변경이나 취소는 평소 오픈테이블 이용 방식과 같다. p.21

CHECK POINT!

1 메뉴를 미리 확인해보세요

공식 홈페이지에서 메뉴를 미리 확인할 수 있다. 런치와 디너 메뉴의 구성이 동일하다면 가격이 낮은 점심시간에 방문하는 것이 이득!

2 비싼 곳일수록 할인율이 높아요

평소 가격이 높은 레스토랑일수록 할인폭이 커지기 마련. 미슐랭 스타 레스토랑이나 스테이크 하우스를 눈여겨보자.

3 꼭 예약해야 하는 건 아니에요

예약이 마감된 레스토랑 외에는 예약 없이 방문Walk-in해도 현장에서 레스토랑 위크 메뉴를 주문할 수 있다. 레스토랑 위크에 참여하고 있는 업체라면 "Can I order the restaurant week menu?"라고 물어볼 것. 반대로, 평소 메뉴를 주문하는 것도 가능하다.

4 메뉴 적용 시간을 확인하세요

레스토랑별로 이벤트 참여 시간이 다르다. 주중 점심을 제외한 저녁이나 주말에는 정상 영업을 하는 레스토랑도 많으니 홈페이지에서 반드시 확인할 것.

5 사람 많은 것이 싫다면 피하세요

레스토랑 위크 기간에는 손님이 많아져 평소에 비해 음식과 서비스의 퀄리티가 저하될 수 있음을 감안하자.

주말마다 열리는 푸드마켓, 스모르가스버그

매년 봄부터 가을 사이, 주말에 열리는 야외 음식축제, Smorgasburg. 현지인도 줄 서서 먹는 인기 메뉴부터 아이디어 넘치는 이색 음식까지, 100여 개의 푸드트럭이 다양한 음식을 준비한다. 맛과 재미를 좇는 뉴욕의 젊은이들이 많이 모이다 보니 무명의 푸드트럭이 지명도를 쌓아 시내에 정식 레스토랑을 오픈하는 통로로 삼기도 한다. 윌리엄스버그에서 열리는 행사가 메인이고, 브루클린의 프로스펙트 파크와 맨해튼의 사우스스트리트시포트에까지 진출하며 규모가 커졌다.

- 홈페이지 www.smorgasburg.com
- 장소와 시간 봄~가을 사이 주말 11:00~18:00
- 가격 메뉴 하나에 평균 $7~15 사이. 팁은 필요 없다. 현금 결제만 가능한 곳이 대부분.
- 참여방법 별도의 입장료는 없으며, 개별 부스에서 음식을 구입해 간이 테이블이나 잔디밭에서 먹는다. 인기 메뉴는 빠르게 품절되는 편이니 되도록 일찍 가는 것이 좋다.

MINI BOX

Smorgasburg란?

넓은 테이블에 음식을 한꺼번에 진열한 스웨덴식 뷔페, 스뫼르고스보르드Smörgåsbord와 축제가 시작된 장소인 뉴욕 브루클린의 윌리엄스버그Williamsburg를 합친 신조어.

1 윌리엄스버그 매주 토요일

- **주소** E River State Park (90 Kent Ave, Brooklyn)
- **가는 방법** 지하철 Bedford Ave(L호선)역에서 강변 쪽으로 도보 10분

2 프로스펙트파크 매주 일요일

- **주소** Prospect Park (Breeze Hill, Brooklyn)
- **가는 방법** 지하철 Prospect Park(B,Q,S호선)역에서 E Lake Drive와 Well House Drive를 따라 도보 15분

3 사우스스트리트시포트 여름 시즌 매일 11:00~22:00

- **주소** 11 Fulton Street (Fulton Market Building)
- **가는 방법** 지하철 Fulton St (2,3,4,5 호선)역에서 강변 쪽으로 도보 5분

9월

90년 역사를 가진 길거리 축제 산 제나로 축제

이탈리아계 이민자가 많이 모여 사는 리틀이탈리아Little Italy에서는 매년 9월이면 신명 나는 축제가 열린다. 나폴리의 수호성인 제나로를 기리는 전통이 뉴욕에서도 시작된 것은 1926년 9월 19일. 그 후로 90년의 세월이 흐르는 동안, **Annual Feast of San Gennaro**는 종교와 인종을 떠나 모두가 함께 하는 열하루짜리 대규모 축제로 거듭났다. 평소에도 활기가 넘치는 리틀이탈리아에 녹색과 흰색, 붉은색이 섞인 삼색 깃발이 물결치고, 거리 양쪽으로 늘어선 천막에서는 피자나 소시지, 카놀리 같은 이탈리아의 대표 먹거리를 판다. 저녁이면 거리의 악사들이 노천 레스토랑을 돌아다니며 흥겨움을 고조시킨다.

- 홈페이지 www.sangennaro.org
- 참여방법 매일 11:30~23:00. 지하철 Canal St(6호선)역 또는 Spring St(6호선)역에서 하차해 멀버리 스트리트(Mulberry Street)로 걸어간다. 거리에 불이 밝혀질 무렵 방문하는 것이 더욱 재미있다.

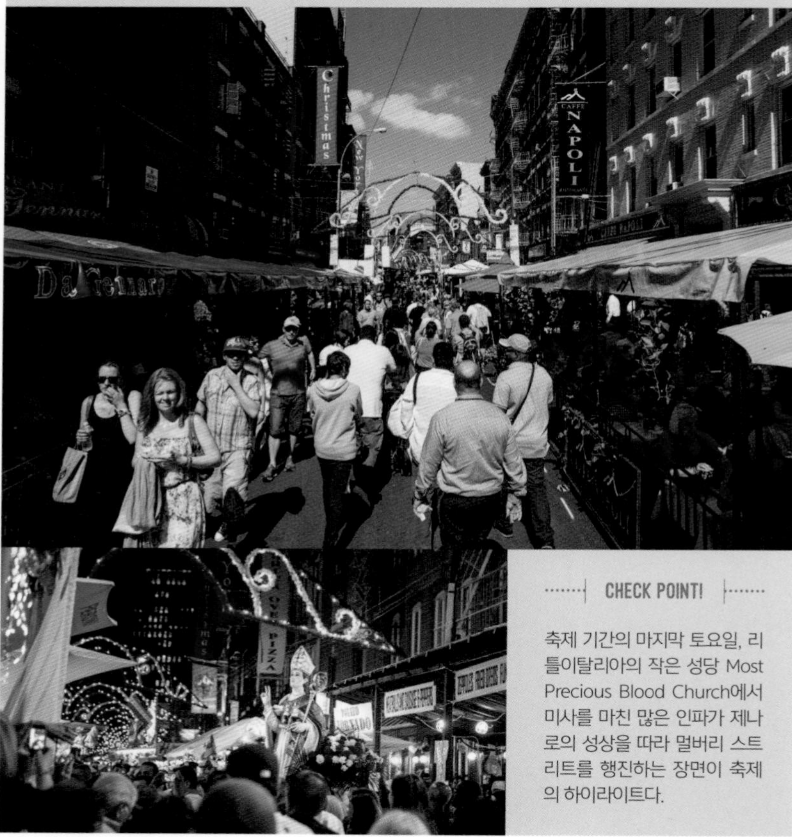

CHECK POINT!

축제 기간의 마지막 토요일, 리틀이탈리아의 작은 성당 Most Precious Blood Church에서 미사를 마친 많은 인파가 제나로의 성상을 따라 멀버리 스트리트를 행진하는 장면이 축제의 하이라이트다.

- **암스테르담 애비뉴 축제 (Amsterdam Avenue Festival)**
  5월 (하루) Since 1984 | 어퍼웨스트 | www.westmanhattanchamber.org/festivals
- **브로드웨이 바이츠(Broadway Bites)**
  6월 & 10월 (4주)
  미드타운 Greeley Square (헤럴드스퀘어 옆)
  urbanspacenyc.com/broadway-bites
- **콜럼버스 애비뉴 축제 (Columbus Avenue Festival)**
  9월 (하루) Since 1976 | 어퍼웨스트 | www.westmanhattanchamber.org/festivals
- **다인 어라운드 다운타운 (Dine Around Downtown)**
  6월 (하루-유동적) Since 1995
  로어맨해튼 Liberty Plaza | www.downtownny.com/dinearound
- **가먼트 디스트릭트(Garment District)**
  5월 & 9월 (6주)
  미드타운 브로드웨이 (40th ~ 41st Street)
  urbanspacenyc.com/urban-space-garment-district
- **매디슨 스퀘어 이츠(Mad. Sq. Eats)**
  5월 & 9월 (4주) | 플랫아이언 | Worth Square (매디슨스퀘어파크 옆)
  urbanspacenyc.com/mad-sq-eats
- **나인스 애비뉴 푸드 페스티벌 (Ninth Avenue International Food Festival)**
  5월 (이틀) Since 1942 | 미드타운 헬스키친
  www.ninthavenuefoodfestival.com
- **테이스트 오브 트라이베카(Taste of Tribeca)**
  5월 (하루) Since 1994
  로어맨해튼 월스트리트 | tasteoftribeca.com
- **윈터빌리지(Winter Village)**
  11~12월 (2달)
  미드타운 브라이언트파크 | wintervillage.org

the PARTY MUST go on

CHAPTER 1

BREAKFAST & BRUNCH

균형 잡힌 한 끼 식사

베이글 샌드위치

Bagel Sandwich

#베이글 #크림치즈 #뉴욕3대베이글 #연어

반으로 자른 베이글에 크림치즈를 발라 연어와 함께 먹는 베이글 샌드위치는 하루를 시작하는 든든한 식사로 그만이다. 출근 시간에 베이글을 담은 종이 봉지와 커피를 손에 들고 빠르게 걸어가는 뉴요커를 쉽게 만날 수 있고, 뉴욕에 이사 왔다면 집 근처의 베이글 가게부터 찾으라는 말이 있을 만큼 뉴욕의 베이글 사랑은 남다르다.

유대인의 전통 베이글은 글루텐 함량이 높은 밀가루와 물, 소금, 이스트만을 넣어 반죽한다. 12시간가량 숙성시킨 도우를 손으로 일일이 둥글려 모양을 잡고, 뜨거운 물에 잠시 삶아낸 다음, 오븐에 굽는 과정을 거치면 담백하고 쫄깃한 베이글이 탄생한다. 정통 수제 베이글은 빠르게 굳어버리기 때문에 버터나 달걀을 첨가해 부드럽고 바삭한 식감을 살린 베이글이 인기를 얻고 있으며, 알록달록한 무지개 베이글까지 다양한 종류의 베이글이 등장하는 추세.

➡ 베이글 종류

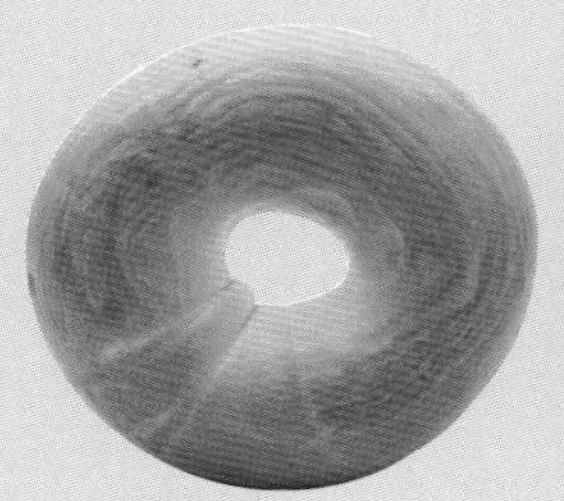

- **세사미**Sesame
겉에 깨가 박혀 고소한 맛.

- **플레인**Plain
토핑이 들어 있지 않은 기본 베이글.

- **솔트**Salt
프레첼처럼 겉에 소금이 박혀 짭짤한 맛.

- **어니언**Onion
겉 또는 속에 구운 양파가 들어있어 달착지근한 맛.

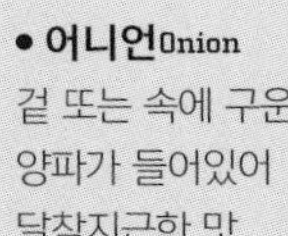

- **시나몬 레이즌**Cinnamon raisin
건포도가 들어 있고 시나몬을 뿌린 베이글.

- **펌퍼니클**Pumpernickel
호밀로 만들어 색이 검은 베이글.

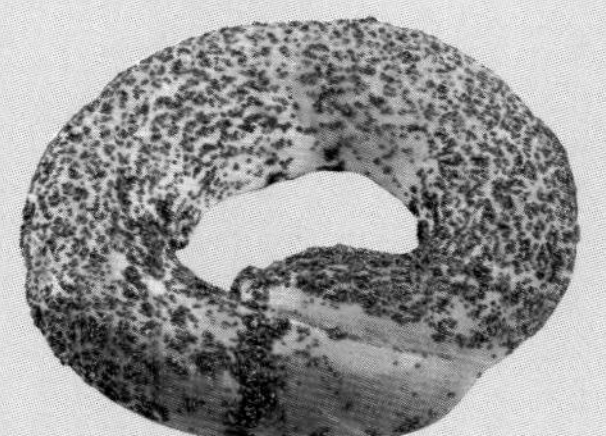

- **포피**Poppy
깨와 비슷한 모양의 양귀비 씨앗을 뿌린 베이글.

- **에브리싱**Everything
앞의 재료를 혼합한 베이글.

➡ 연어 종류

베이글 속재료로 가장 사랑받는 연어는 저장 방식과 산지에 따라 이름이 달라진다.

- **가스페 노바**Gaspe Nova 마일드하고 즙이 많은 뉴욕 스타일의 훈제 연어Smoked salmon를 뜻한다.
- **록스**Lox 훈제하지 않고 염장해 짠맛이 강하지만 고소하고 깊은 맛이 매력. 태평양 연어의 뱃살을 주로 사용한다.
- **노바 록스**Nova Lox 염장 후 가볍게 훈제해 맛을 부드럽게 한 연어 뱃살. 캐나다 노바스코샤산 연어를 주로 사용한다.
- **그라브락스**Gravlax 염장 후에 소금, 설탕, 허브dill로 양념을 한 연어.

➡ 크림치즈 종류

- **플레인 크림치즈**plain cream cheese 모든 종류의 연어와 잘 어울린다.
- **록스 크림치즈**lox Cream cheese 크림치즈에 미리 염장 연어Lox를 다져넣어 강한 맛을 줄인 것.
- 연어 없이 크림치즈만 선택한다면 올리브 크림치즈Olive Cream Cheese, 건포도와 호두가 들어간 레이즌-월넛raisin-walnut, 선드라이드 토마토 크림치즈sundried tomato cream cheese 등을 선택해보자. 과일이나 초콜릿을 넣은 달콤한 크림치즈도 있다.

➡ 추가 토핑

가장 기본이 되는 베이글은 크림치즈와 연어만을 넣어 먹는 심플한 스타일이다. 기호에 따라 토마토나 양상추, 양파를 추가하거나 크림치즈 대신 두부를 으깨 만든 토푸 스프레드Tofu Spread를 넣기도 한다.

뉴요커처럼 베이글 주문하기
ONE BAGEL WITH LOX, PLEASE!

1 줄을 서서 점원의 "Next" 신호를 기다린다.

2 담당 점원에게 ① 베이글 종류 ② 크림치즈 종류 ③ 연어종류를 한 문장으로 주문한다.
예문 "One (sesame) bagel with (plain) cream cheese and (smoked salmon)."

3 따뜻하게 먹으려면 "Toasted, please."라고 말한다.

4 점원이 베이글을 만드는 동안 그 자리에서 기다린다. "Anything else?"라고 물어보면 추가 베이글이나 음료를 주문한다.

5 주문을 마치면 "Thanks, that's all."이라고 대답하자.

6 토핑 종류에 따라 가격이 달라진다. 베이글과 크림치즈만 선택할 때의 가격은 $5~6 정도, 연어 슬라이스를 추가하면 $11~15 정도다. 팁은 주지 않아도 된다.

➡ 뉴욕의 특별한 베이글 메뉴

• **도터스 딜라이트** Daughter's Delight
가스페노바, 알라스카 연어알, 크림치즈. (러스앤도터스에서만 주문가능)

• **헤어링** Herring 북유럽에서 많이 먹는 스타일의 생선(청어) 절임. (러스앤도터스 카페는 크래커와 함께 제공)

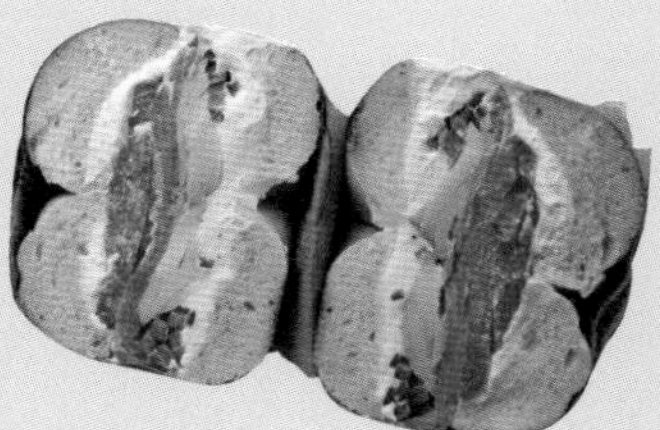

• **리빙턴 스트리트** Rivington Street
노바스코샤 연어, 은대구Sable, 플레인 크림치즈, 토마토, 양파. (머레이스 베이글에서만 주문가능)

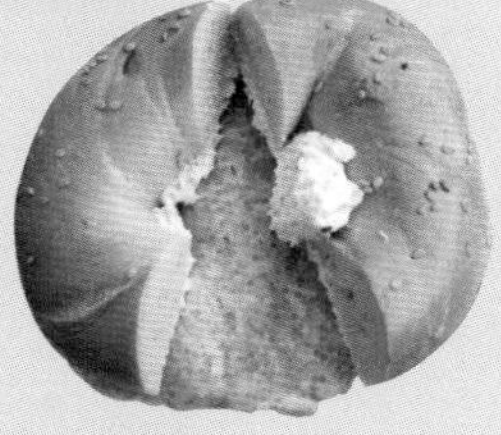

• **수퍼 힙스터** Super Heepster 고추냉이-허브horseradish-dilll에 절인 날치알, 화이트피쉬와 연어를 섞은 크림치즈. (러스앤도터스에서만 주문가능)

• **더 클래식** The Classic
가스페노바와 크림치즈, 토마토, 양파, 케이퍼. (러스앤도터스 카페에서는 더 클래식, 에싸 베이글에서는 '베이글 위드 노바'라고 부름)

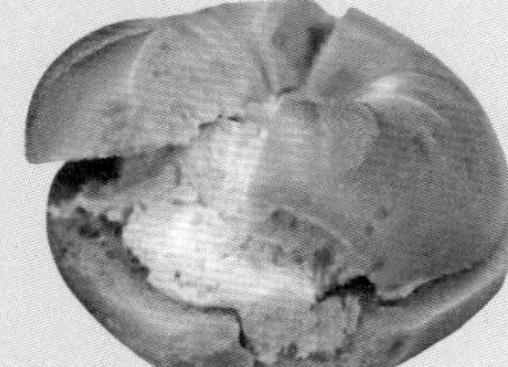

• **슈미어** Schmear 베이글에 크림치즈를 바른 것.

연어 본연의 맛을 느끼려면

RUSS & DAUGHTERS - SINCE 1914

로어이스트

美食 TALK

애피타이징 스토어의 유래

1881년과 1914년 사이 유럽에서 미국으로 이주해온 유대인의 숫자는 200만 명에 달했다. 상당수가 뉴욕의 로어이스트에 정착했고, 러스앤도터스의 창업자 조엘 러스Joel Russ도 그중 하나였다. 베이글 안에 넣는 속재료를 전문적으로 파는 유대인 식료품점, 애피타이징 스토어Appetizing Store의 숫자가 급격히 늘어난 것도 이 무렵이다. 길거리 생선 카트에서 시작해 오늘날에 이르기까지 4대에 걸쳐 가게를 운영하고 있는 러스의 후손들은 전통을 지키면서도 흐름에 뒤쳐지지 않는 좋은 브랜드를 만들기 위해 노력하고 있다.

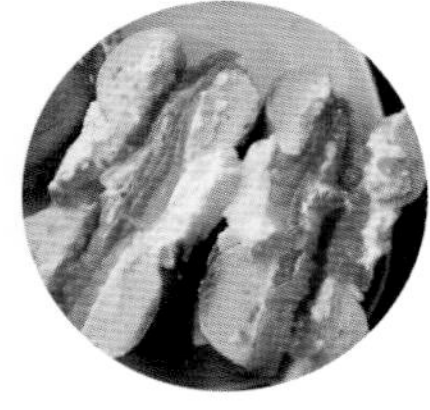

연어를 좋아한다면 100년의 역사를 가진 애피타이징 스토어, **러스앤도터스**의 연어를 꼭 먹어봐야 한다. 최고급 캐비아와 연어, 소금에 절인 정어리herring 같은 생선류를 전문으로 취급하고 있어서 이곳에서라면 염장 연어lox의 진한 맛에 도전해봐도 좋다. 베이글은 유대인 전통 방식으로 만드는 전문점에서 하루 두 번 공급받고 있으며, 방부제를 첨가하지 않은 고급 크림치즈를 사용한다.

연어Gaspe Nova와 크림치즈를 넣은 것을 클래식 베이글, 크림치즈만 넣은 것을 슈미어Schmear라 부른다. 수퍼힙스터(고추냉이에 절인 날치알, 다진 연어와 화이트피시, 크림치즈를 혼합해 넣은 베이글 샌드위치)는 다른 곳에서는 찾아볼 수 없는 스페셜 메뉴다.

본점에 들어가면 입구에서 번호표부터 뽑는다. 윤기가 흐르는 탐스러운 연어의 종류만 해도 열 가지는 족히 넘어 보인다. 연어 베이글을 주문하면 흰 가운을 입은 점원이 능숙하게 생선살을 슬라이스해 종이에 포장해준다.

좁고 붐비는 본점에는 테이블이 없고 토스트를 해주지 않으므로, 취향에 맞는 베이글을 먹으려면 플레이트 위에 재료를 가지런하게 서빙해주는 **러스앤도터스 카페**를 방문하는 것이 좋다. 본점에서 5분 거리에 있고, 팁이 추가된다.

OPEN | 본점 **월~토요일** 08:00~20:00, **일요일** ~17:30 • 카페 **평일** 10:00~22:00, **주말** 08:00~22:00
WEB | www.russanddaughters.com ADD | 본점 179 E Houston Street • 카페 127 Orchard Street
SUBWAY | **지하철** 2 Av (F호선)역. **소호에서 도보 15분.** MENU | Classic Bagel, Super Heepster, Caviar Cream Cheese
KEYWORD | 100년 전통, 애피타이징 스토어, 고급 연어

모두의 입맛에 잘 맞는

ESS-A-BAGEL - SINCE 1976

미드타운 이스트

뉴욕 3대 베이글로 알려진 **에싸 베이글**은 오스트레일리아 출신의 부부가 1976년 미드타운에 오픈한 수제 베이글 전문점이다. 전통 베이글보다 크기를 키운 바삭한 베이글이 모두의 입맛에 잘 맞아 인기가 높다. 연어의 퀄리티도 괜찮은 편이고, 특히 크림치즈의 종류가 다양하다.

OPEN | 평일 06:00~21:00, 주말 06:00~17:00 WEB | www.ess-a-bagel.com ADD | 831 3rd Avenue
SUBWAY | 지하철 51 St (6호선) MENU | Bagel with Nova, Cream cheese spread sandwich
KEYWORD | 바삭한 베이글, 앉을자리 있음, 인기만점

BEST BAGEL AND COFFEE @ 미드타운

WEB | 없음 ADD | 225 W 35th Street

베스트 베이글은 저렴하면서도 양이 충실하고, 창의적인 메뉴를 다양하게 선보이는 대중적인 베이글 가게다. 펜스테이션 부근에 있어 접근성이 매우 좋은 편. 일요일에는 문을 닫는다.

MURRAY'S BAGEL @ 웨스트빌리지

WEB | www.murraysbagels.com

ADD | 500 Avenue of the Americas

유대인의 전통 베이글 레시피를 고수하고 있어서 식감이 단단한 편인 **머레이스 베이글**. 기본기에 충실한 크림치즈 베이글은 향기로운 커피와 잘 어울린다. 베이커리 형태의 매장 규모는 작은 편이며, 첼시점과는 주인이 다르다.

SADELLE'S
@ 소호

WEB | www.sadelles.com

ADD | 463 W Broadway

소호에 있어 접근성이 좋은 **새들스**는 화려한 브런치 레스토랑이다. Sadelle's Tower를 주문하면 예쁜 3단 트레이에 베이글과 다양한 속재료를 준비해준다. 주말에는 사람이 무척 많으므로 예약하는 것을 추천한다. 가격대는 다른 베이글 가게에 비해 비싸다.

BLACK SEED BAGELS
@ 놀리타(소호)

WEB | www.blackseedbagels.com

ADD | 170 Elizabeth Street

나무 장작 오븐에 구워낸 것이 특징인 몬트리올 스타일의 수제 베이글 전문점, **블랙 시드 베이글**. 베이글을 삶는 물에 꿀을 첨가해 달콤한 맛을 더했다. 속재료로 훈제 송어smoked trout 또는 화이트피시Whitefish 샐러드를 추천한다.

KOSSAR'S BIALYS
@ 로어이스트

WEB | www.kossarsbialys.com

ADD | 367 Grand Street

80년 전통의 비알리&베이글 전문점. 비알리는 반죽을 삶는 과정 없이 굽기만 해 베이글보다 바삭하고, 빵 가운데 홈에는 다진 양파를 채워넣은 폴란드 유대인의 전통 빵이다.

ABSOLUTE BAGEL @ 어퍼웨스트

WEB | absolutebagels.com ADD | 2788 Broadway

태국계 주인이 운영하는 콜럼버스 대학교 근처의 **앱솔루트 베이글**. 가격이 저렴하고 크림치즈의 종류가 다양해 학생들이 많이 찾는다. 태국식 아이스티도 특색 있는 메뉴.

THE BAGEL STORE @ 브루클린 윌리엄스버그

WEB | www.thebagelstoreonline.com ADD | 349 Bedford Avenue

무지개색 베이글로 SNS를 뜨겁게 달군 브루클린의 **베이글 스토어**. 스프링클 믹스가 들어간 Funfetty 크림치즈를 바른 알록달록한 베이글은 생각보다 훨씬 맛있다는 평가!

갓 구운 빵 냄새 고소한

베이커리

#천연발효빵 #크루아상
#크로넛

영화 '티파니에서 아침을'은 아주 이른 아침, 오드리 헵번이 한 손에는 커피, 다른 한 손에는 데니시 페이스트리를 들고 뉴욕 5번가의 티파니 매장을 들여다보는 장면으로 시작한다. 오늘날 뉴욕에서는 유명 '베이커리 브랜드'들이 뜨거운 경쟁을 벌이고 있고, 특급 레스토랑 출신 셰프가 운영하는 베이커리까지 가세해 선택의 폭이 무척 넓다. 뉴욕 여행의 첫 아침을 빵과 커피로 시작하려면 어디로 가야 할까?

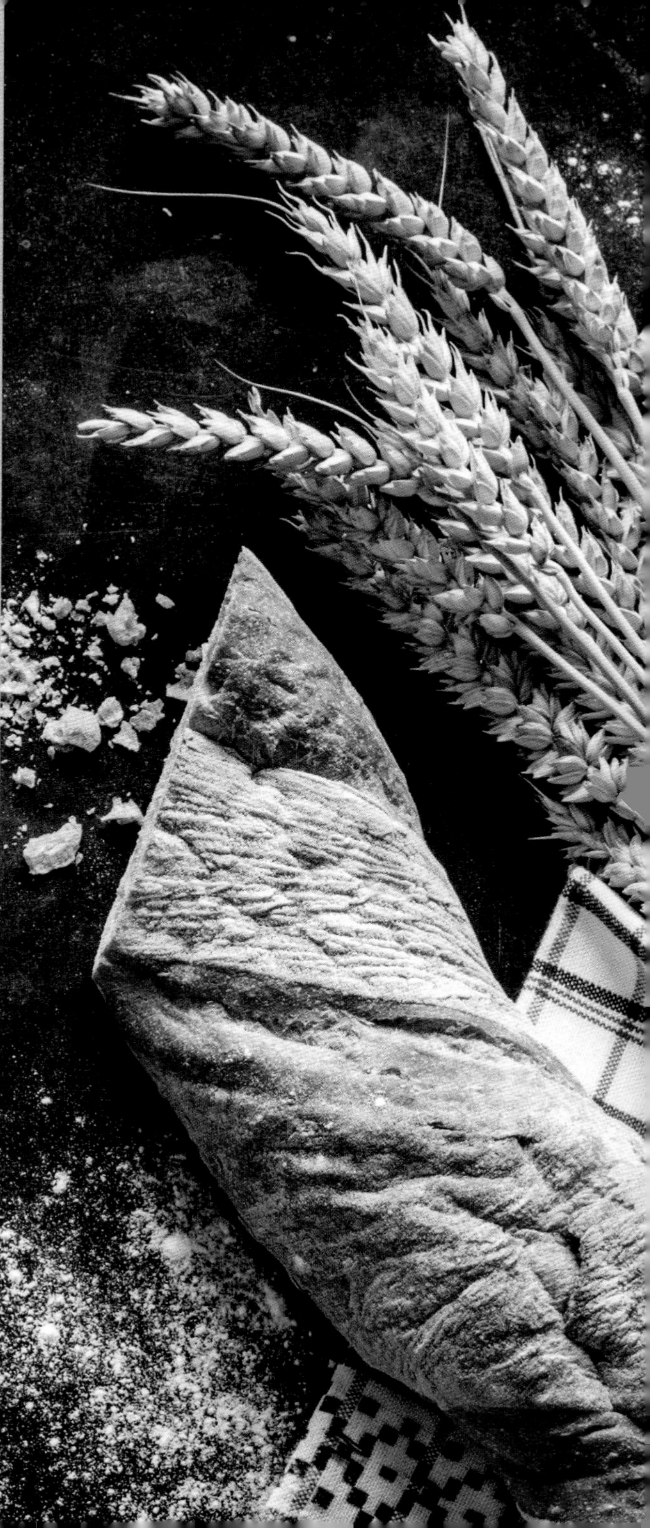

천연발효 수제빵

AMY'S BREAD - SINCE 1992

미드타운

유럽식 전통 발효빵을 만드는 아티잔 베이커리 Artisan Bakery **에이미스 브레드**는 유기농 수제빵과 맛있는 샌드위치로 꾸준히 사랑받아온 뉴욕의 로컬 베이커리 브랜드다. 캘리포니아산 월넛, 텍사스의 호두, 그리스와 프랑스의 올리브, 무표백 밀가루 등 천연 재료만 사용한다. 맛이 풍부하고 바삭한 빵을 만들기 위해 핸드메이드로 반죽하고 일일이 모양을 잡는다.

유명 셰프와의 컬래버레이션을 통해 매달 레시피가 바뀌는 [셰프의 샌드위치] 수익금의 일부를 기부하고, 첼시마켓이 처음 만들어졌을 때 가장 먼저 참여해 미트패킹 지역의 부활을 돕는 등 뉴욕 커뮤니티를 위한 사회공헌 활동도 활발하다.

헬스키친 본점과 첼시마켓, 그리니치빌리지에 정식 매장이 있고, 뉴욕 링컨센터 도서관과 뉴욕 공립도서관 코너에서 작은 카페를 운영 중이다.

OPEN | 평일 07:00~21:00, 주말 08:00~21:00
WEB | www.amysbread.com ADD | 본점 672 Ninth Avenue
SUBWAY | 지하철 49 St (N, R호선)
KEYWORD | 셰프의 샌드위치, 핸드메이드 빵, 뉴욕 로컬 브랜드

'크로넛'으로 유명한

DOMINIQUE ANSEL BAKERY - SINCE 2011

소호

최고급 프렌치 레스토랑 다니엘에서 페이스트리 셰프로 경력을 쌓은 도미니크 앙셀은 크루아상croissant과 도넛doughnut을 합친 크로넛Cronut으로 전 세계에 이름을 알렸다. 하루 350개로 생산을 제한한 탓에, 베이커리 문을 여는 시간에 맞춰 가야 먹을 수 있다.

도미니크앙셀 베이커리는 크로넛만 유명한 것이 아니다. 디저트의 한 종류인 파리-브레스트Paris-Breast에 초콜릿, 피넛버터, 캐러멜을 채워넣은 Paris to NY, 마시멜로 안에 초콜릿 칩을 섞은 바닐라 아이스크림를 넣은 Frozen S'mores, 쿠잉아망에 자신의 이름을 붙인 DKADominique Kouign Amann, 주문하면 즉석에서 구워 따끈하게 내주는 마들렌. 이외에도 여름철 별미 가스파초(Gazpacho; 토마토, 오이 등 생채소로 만드는 스페인 안달루시아 지방의 찬 수프)를 포함해 그뤼에르 치즈가 들어간 키쉬(Quiche; 치즈, 고기, 해산물 등을 섞어 만든 커스터드를 타르트처럼 구워 내는 프랑스 음식), 각종 샌드위치류도 수준급.

WHAT'S NEW?

도미니크앙셀 키친
그리니치빌리지에 있는 도미니크 앙셀의 뉴욕 2호점. 오전 9시부터 브런치 메뉴와 페이스트리를 판매한다.
ADD | 137 7th Avenue

OPEN | Bakery 매일 08:00~19:00 (일요일 09:00부터), Lunch 매일 12:00~16:00
WEB | www.dominiqueansel.com ADD | 189 Spring Street
SUBWAY | 지하철 Prince St (R, W호선)에서 도보 10분
MENU | 베이커리 Cronut, DKA, Frozen S'mores, Madeleine

완벽한 크루아상

BOUCHON BAKERY - SINCE 2006

어퍼웨스트

미드타운과 어퍼웨스트의 경계, 콜럼버스 써클에 있는 타임워너센터는 유명 패션 스토어와 레스토랑, 재즈홀이 들어선 모던한 쇼핑몰이다. 미국인 최초로 프랑스 레지옹 도뇌르 훈장Chevalier of The French Legion of Honor을 받은 스타 셰프 토머스 켈러가 미슐랭 3스타 레스토랑 퍼세Per Se와 **부숑베이커리**의 오너다. 미슐랭 1스타를 받은 부숑 베이커리 본점은 캘리포니아 나파카운티의 욘빌에 있다. 베이커리에는 좌석이 거의 없어 테이크아웃으로 주문해야 하며, 자리에 앉아 식사를 하려면 바로 옆의 카페로 가면 된다. 록펠러센터(매일 08:00~19:00)에도 매장이 있다.

OPEN | Bakery 매일 08:00~21:00 (단, 일요일은 19:00까지), Café 매일 11:00~19:00, Brunch 주말 10:00~19:00
WEB | www.thomaskeller.com/bouchonbakerycafe ADD | 10 Columbus Circle, Time Warner Center 3층
SUBWAY | 지하철 Columbus Circle (1,A,B,C,D 호선) MENU | 베이커리 & 카페 Croissant, Macaron, TKO, Coffee
KEYWORD | 미슐랭☆, 브런치, 타임워너센터

美食 TALK

맛있는 크루아상이란

실력 있는 베이커리가 즐비한 뉴욕에서도 제대로 된 크루아상을 만드는 곳은 흔치 않다. 크루아상은 층층이 겹을 쌓는 퍼프 페이스트리Puff Pastry와 만드는 방법은 흡사하나, 촉촉하고 부드러운 반죽은 일반 빵Bread Dough에 가깝다. 크루아상의 원형은 초승달 모양의 오스트리아 빵 킵펠Kipferl로 알려져 있다. 점점 크기가 커지며 오늘날의 크루아상이 되었는데, 이처럼 여러 겹으로 부풀어 오르는 반죽으로 만든 빵을 비에누아즈리Viennoiserie라 부른다. 잘 만든 크루아상은 안에 충분한 공간이 있으면서도 촉촉함을 육안으로도 확인할 수 있어야 한다.

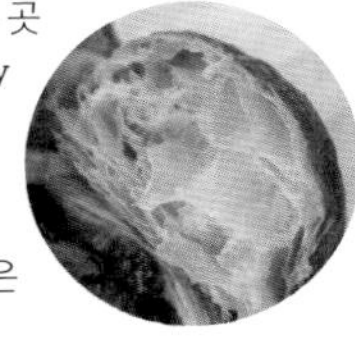

버터 맛이 덜한 크루아상 오디네어는 다른 재료를 곁들여 먹기에 적합한 식사류 빵으로 크기가 작은 편이고, 표면이 조금 더 단단하다. 이보다 버터가 많이 함유된 것을 크루아상 오뵈르라 부른다. 겹겹이 버터가 녹아들어 촉촉하고 바삭한 크루아상은 커피와 함께 먹을 때 가장 맛있다.

쉽게 찾을 수 있어요

LE PAIN QUOTIDIEN

체인베이커리

유기농 컨셉트의 베이커리 겸 카페 **르팽 코티디앵**은 벨기에의 글로벌 브랜드로, 'Daily Bread'라는 의미. 식사용 빵과 샌드위치, 디저트류는 물론, 수프나 키쉬 같은 기본적인 식사 메뉴의 가격이 합리적이다. 플랫아이언, 첼시마켓 부근, 그리니치빌리지 등 뉴욕 시내 곳곳에 체인점이 있어 언제 어디서나 찾을 수 있다는 것이 가장 큰 장점. 여럿이 함께 사용한다는 의미의 커뮤널 테이블communal table이 넉넉하게 배치되어 있어 편안하게 쉬어갈 수 있는 장소다. 맛은 평범하다.

OPEN | 평일 07:00~21:00, 주말 08:00~21:00
WEB | www.lepainquotidien.com

CITY BAKERY @ 유니언스퀘어

WEB thecitybakery.com ADD 3 W 18th Street

시티 베이커리는 베이커리 안에 델리까지 갖추고 있어 식사부터 디저트와 커피까지 원스톱으로 즐길 수 있는 매우 큰 규모의 매장이다. 자매 브랜드 버드배스Birdbath는 오가닉 쿠키, 크루아상, 샐러드, 샌드위치를 파는 작은 카페. 자연주의 테마로 뉴욕 내에 7개 매장을 각기 다르게 꾸며, 제법 두터운 팬층을 확보했다.
미국의 글로벌 브랜드 **오봉팽**(Au Bon Pain, aubonpain.com)과 **파네라 브레드**(Panera Bread, panerabread.com) 역시 쉽게 눈에 띄고, 매장 대부분이 새벽 6시부터 문을 여는 편리한 베이커리 겸 카페다.

오렌지-사과 타르트

블랙 보텀

베이크드 머핀

델리 섹션

여러가지 쿠키

시티 베이커리 본점

카페 섹션

여행의 시작을 여유롭게

브런치

#에그베네딕트 #선데이브런치 #이건꼭먹어야해 #사라베스

나이프로 수란 한가운데를 살짝 가르면 달걀노른자가 흘러내리면서 비슷한 색의 홀랜다이즈 소스와 섞인다. 이 부드러운 소스가 밑에 깔린 햄과 빵을 촉촉하게 적실 때까지 기다렸다가, 칼로 잘라서 한 입. 세상에 이보다 부드럽고 고소한 음식이 있을까? 하는 생각이 들게 하는 에그 베네딕트! 뉴욕에서 꼭 먹어봐야 할 브런치 메뉴에는 어떤 것들이 있을까.

© Clinton St. Baking Company p.67

브런치 인기 메뉴 BEST 3

이건 꼭 먹어야 해!
EGGS BENEDICT

에그 베네딕트는 뉴욕에서 처음 만들어진 브런치 메뉴다. 미국 최초의 레스토랑 델모니코스p.150의 셰프 랜호퍼의 레시피북 ≪에피큐리언≫에는 'Eggs a la Benedick'의 요리법이 나온다. '잉글리시 머핀을 반으로 갈라 색이 변하지 않도록 살짝 굽고, 같은 크기의 둥근 햄을 1/8인치 두께로 잘라 각각의 머핀에 얹는다. 적당한 온도의 오븐에 덥힌 다음 수란을 하나씩 얹고, 전체를 홀랜다이즈 소스로 뒤덮는다'는 묘사를 보면, 요즘도 120년 전과 다르지 않은 에그 베네딕트를 먹고 있는 셈이다.

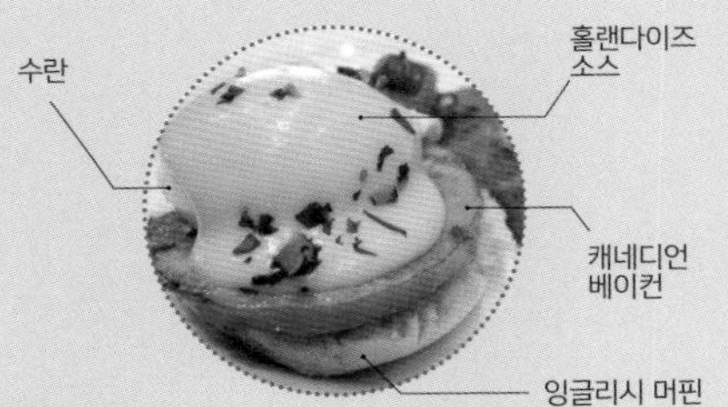

YOU MIGHT ALSO LIKE

- **EGGS HEMINGWAY (ATLANTIC, COPENHAGEN)** 햄 대신 훈제 연어/연어lox를 사용해 부드러운 맛을 살린 요리.
- **EGGS FLORENTINE** 햄 대신 시금치를 수란 밑에 깐다.
- **EGGS BLACKSTONE** 햄 대신 베이컨과 토마토 슬라이스를 추가.
- **EGGS BLANCHARD** 홀랜다이즈 소스 대신에 베사멜 소스를 뿌린다.

• **소스**

홀랜다이즈 소스 달걀 노른자와 버터를 섞어 만드는 크리미한 노란색 소스.
베사멜 소스 버터와 밀가루를 섞은 루roux에 우유를 첨가해 만드는 흰색 소스.

밥은 안 들어 있어요!
OMELETS & FRITTATAS

달걀을 풀어 지단을 부치고, 치즈나 고기, 야채 등 다양한 속재료를 곁들여 먹는 요리인 **오믈렛**도 브런치 메뉴의 대명사다. 보통 미국식 오믈렛은 반으로 접어 그 안에 재료를 넣은 형태고, 이탈리아식 **프리타타**는 지단을 접지 않고 둥글게 낸다.

브런치는 역시 빵!
PANCAKES & TOASTS

팬케이크와 **프렌치 토스트**, **와플**은 볼륨감 있는 브런치다. 여러 겹으로 쌓은 팬케이크를 잘라 메이플 시럽을 뿌리고, 두툼한 프렌치 토스트에 생크림과 과일을 잔뜩 곁들여 먹는다.

브렉퍼스트 플래터 주문하기

앞서 소개한 특별한 달걀 요리 외에도 우리가 흔히 먹는 완숙이나 반숙, 프라이 같은 기본적인 달걀 요리와 사이드를 한 접시에 담아 주는 Breakfast Platter(컨티넨털 또는 아메리칸 브렉퍼스트로도 불림)를 주문할 때가 있다. 메뉴에 적힌 "Eggs Any Style"의 의미는 '당신이 원하는 스타일의 달걀로 요리해주겠다'라는 뜻. "달걀은 어떻게 익혀드릴까요?"라는 질문을 받게 되면, 다음 중 하나를 선택한다.

1 기본 달걀 요리 종류 HOW DO YOU WANT YOUR EGGS (COOKED)?

HARD BOILED
하드보일드
완전히 삶은 달걀

SOFT BOLIED
소프트보일드
노른자를 반쯤 익힌 반숙 달걀

SUNNY SIDE UP
서니사이드업
한쪽만 익혀 나오는 일반적인 달걀 프라이

OVER EASY **오버이지** | **OVER MEDIUM** **오버미디엄** | **OVER HARD** **오버하드**
뒤집어서 양쪽을 익히고 노른자는 반숙으로 남겨두는 달걀 프라이.
노른자 익힘 정도에 따라서 easy, medium, hard로 구분

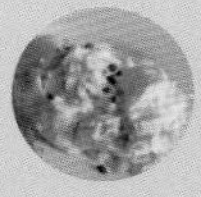

SCRAMBLED EGGS 스크램블드
흰자와 노른자를 뒤섞어 볶은 요리

POACHED 포치드
물속에서 반숙으로 익힌 수란

2 고기 종류 SAUSAGE OR BACON?

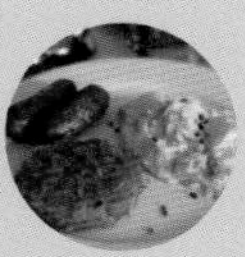

플래터 종류에 따라 소시지 또는 베이컨을 고르기도 한다. 베이컨의 굽기 정도를 선택할 때 바짝 익힌 것을 원하면 'crispy', 좀 더 부드럽게 하려면 'chewy'로 요청할 것.

3 감자요리 종류
HOW DO YOU LIKE YOUR POTATOS?

BREAKFAST POTATO
브렉퍼스트 포테이토
깍둑썰기로 기름에 볶은 기본적인 스타일의 감자.

BAKED POTATO
베이크드 포테이토
통째로 오븐에 구운 감자.

HASH BROWN
해시 브라운
감자를 납작하게 썰어 기름에 구워낸다.

MASHED POTATO
매시드 포테이토
감자를 삶은 다음 으깨어 우유나 버터와 섞은 부드러운 요리.

4 음료수 주문하기
ANYTHING YOU'D LIKE TO DRINK?

브런치를 주문할 때 부드러운 커피는 기본. 여기에 칵테일 한 잔까지 곁들이는 것은 1950년대부터 유행하기 시작한 뉴욕의 브런치 문화다. 토마토 주스와 보드카, 타바스코 소스 같은 양념을 섞어 만든 블러디 메리Bloody Mary가 가장 대표적이고, 애플 노커Apple Knocker는 사과주스와 보드카를 섞은 것, 스크류드라이버Screwdriver는 오렌지 주스와 보드카를 섞은 칵테일이다.

뉴욕 브런치 플레이스 완벽가이드

아침Breakfast과 점심Lunch 사이, 그 어디쯤. 느긋하게 일어나 즐기는 브런치Brunch는 주말의 시작을 알리는 세리머니와 같다. 온라인상에서 다양하게 소개되는 뉴욕의 브런치 플레이스 중에는 하루 종일 똑같은 메뉴를 주문할 수 있는 브런치 전문점도 있고, 시간대별로 메뉴가 달라지거나 주말의 선데이 브런치를 고수하는 곳도 있으니, 방문 시간대에 맞춰 메뉴를 잘 확인해야 한다. 선택을 돕기 위해 인지도 높은 브런치 플레이스를 메뉴와 특징에 따라 **클래식 아메리칸 – 캐주얼 아메리칸 – 유러피안 – 퓨전/스페셜**의 네 가지로 분류했다.

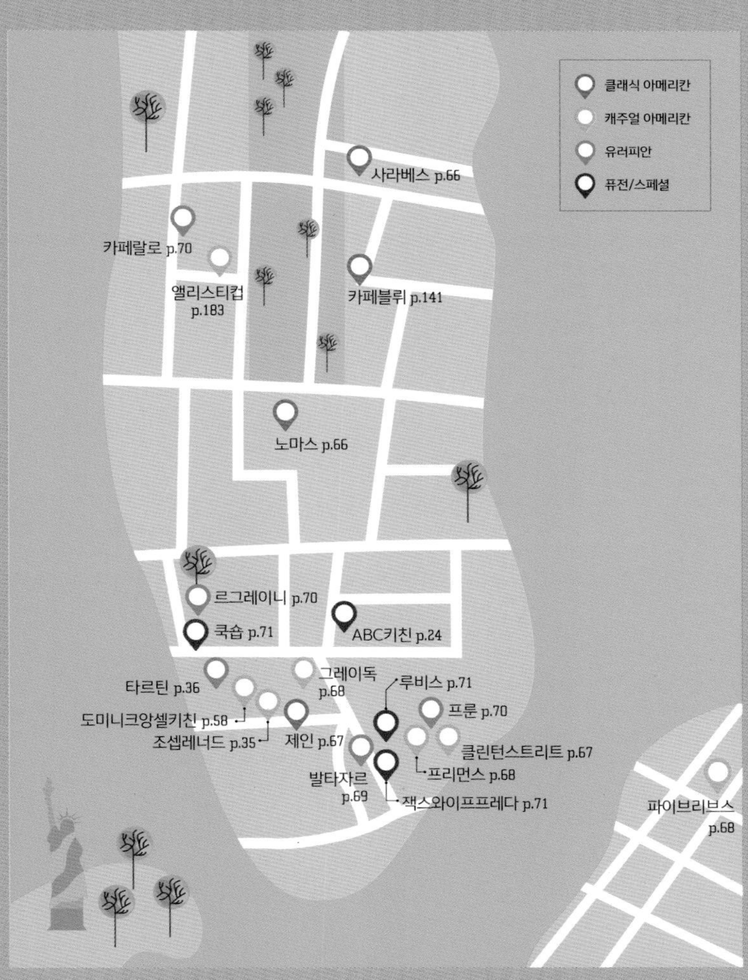

CLASSIC AMERICAN BRUNCH

파스텔톤의 환한 실내, 세련된 식기, 에그 베네딕트와 프렌치 토스트, 따끈한 커피와 블러디 메리 한 잔! 클래식한 미국식 브런치 플레이스.

	레스토랑	가격	대표 메뉴	브런치 마감	오픈	위치	예약
1	노마스	$28~30	블루베리 팬케이크 에그 베네딕트	15:00	2004	미드타운	O(권장)
2	사라베스	$17~20	에그 베네딕트 오믈렛	15:30	1983	어퍼이스트 + 4곳	O(권장)
3	제인	$16~20	에그 베네딕트 프렌치 토스트	평일/주말	2001	그리니치	O(권장)

Photo courtesy of Norma's

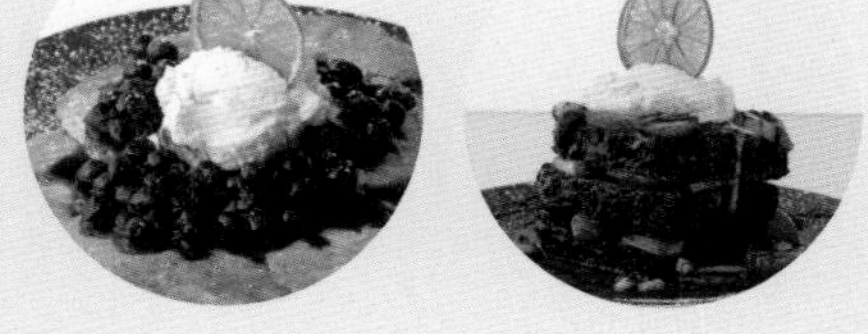

1 뉴욕 브런치의 플래그십 NORMA'S

르파커메르디앙 호텔의 브런치 레스토랑 **노마스**의 시그니처 메뉴는 데번셔 크림 듬뿍 얹은 블루베리 팬케이크. 에그 베네딕트는 잉글리시 머핀 대신 팬케이크를 사용해 유난히 부드럽고, 식빵 겹겹이 딸기 콤포트를 넣은 데카당스 프렌치 토스트는 달콤함의 절정! 정중한 태도의 웨이터들이 웰컴드링크로 맞이해주고, 무한 리필 가능한 생 오렌지 주스는 약간의 추가 금액을 감수하고서라도 마셔볼 만하다.

OPEN | 매일 07:30~15:00 WEB | www.parkermeridien.com/eat/normas ADD | 119 W 56th Street

2 섹스앤더시티의 그곳 SARABETH'S

드라마 속 주인공 넷이 브런치를 즐기던 **사라베스**는 맛있는 빵과 과일 프리저브(잼) 가게로 출발해 뉴욕 브런치의 상징이 되었다. 햇빛이 은은하게 비쳐드는 화사한 노란빛의 어퍼이스트점은 관광객이 많이 몰리는 다른 지점에 비해 한적한 편. 교과서라 불릴 만한 비주얼의 에그 베네딕트는 오전 11시~오후 4시 사이에 주문 가능하다.

OPEN | 매일 08:00~22:00 WEB | www.sarabeth.com
ADD | 1295 Madison Avenue

3 일요일 오후의 무료 칵테일 JANE

클래식한 에그 베네딕트에 크랩케이크나 스테이크 같은 재료를 넣은 스페셜 베네딕트 메뉴도 다양하게 갖춘 제인. 여기에 바닐라빈 프렌치 토스트와 일요일에는 무료인 칵테일까지 한 잔 곁들이면 제대로 된 브런치 테이블 완성! 적당한 세련미가 있는 편안한 레스토랑.

OPEN 평일 12:00~22:00, 주말 09:00~22:00 WEB janerestaurant.com ADD 100 W Houston Street

CASUAL AMERICAN BRUNCH

큰 부담 없이 소박한 미국 가정식. 캐주얼하고 유쾌한 브런치 플레이스.

	레스토랑	가격	대표 메뉴	브런치 마감	오픈	위치	예약
4	클린턴스트리트	$12~16	버터밀크 치킨 블루베리 팬케이크	종일	2001	로어이스트	× (웨이팅)
5	프리먼스	$16~20	스킬렛 에그 아티초크 딥	16:00	2004	바워리(소호)	× (웨이팅)
6	그레이 독	$10~14	달걀 요리 샌드위치	종일	1996	그리니치 + 3곳	×
7	파이브리브스	$8~15	리코타 팬케이크 아보카도 토스트	15:30	2008	브루클린	× (웨이팅)

4 줄서서 먹는 팬케이크 대박 맛집
CLINTON ST. BAKING COMPANY

클린턴 스트리트 베이킹 컴퍼니의 인기는 현재진행형이다. 블루베리가 알알이 씹히는 팬케이크, 홀랜다이즈 소스로 뒤덮인 에그 베네딕트, 여러 가지 속재료를 넣어 먹는 오믈렛. 싸고 맛있는 가정식 브런치를 위해 한두 시간 줄 설 각오가 되어 있다면, 여기! 직접 방문해 대기명단에 이름을 올리면 문자로 연락해주니 기다리는 동안 로어이스트를 구경하면 된다. 미국 전화번호가 있으면 'No Wait' 애플리케이션을 이용할 것.

PAY 현금 결제 OPEN 매일 09:00~23:00 (오후 16:00~17:00 휴식, 일요일은 18:00까지 영업)
WEB clintonstreetbaking.com ADD 4 Clinton Street

Photo courtesy of Clinton St. Baking Company

5 뉴욕의 숨은 보석 FREEMANS

자칫 지나치기 쉬운 한적한 골목 뒤쪽에 반짝이는 조명이 보인다. 하늘색 문을 밀고 들어서면 꽤 넓은 1층과 2층을 바와 다이닝룸, 작은 살롱으로 나누어 '은밀한 미국식 태번'의 모습을 재현한 **프리먼스**. 스튜용 냄비Skillet에 뜨겁게 담아낸 달걀 요리, 다섯 가지 치즈를 블렌딩한 맥앤치즈가 맛있다. 향 좋은 치즈에 재운 아티초크 디핑도 별미. 주말에는 브런치 메뉴 라인업이 한결 탄탄해지는 대신 웨이팅을 각오해야 한다.

OPEN | Brunch & Lunch 11:00~16:00 (주말 10:00부터), Dinner 18:00~23:00 WEB | www.freemansrestaurant.com
ADD | Rivington Street

6 생기 넘치는 브런치 카페 THE GREY DOG

대학생이 많은 그리니치빌리지, 첼시, 유니언스퀘어, 놀리타에 **그레이독** 카페가 있다. 여러 가지 샐러드와 달걀 요리, 브렉퍼스트 플래터, 샌드위치류가 충실하고, 빈티지한 분위기가 마음에 쏙 들 것이다. 직접 카운터에서 주문하는 방식이라 팁이 필요 없고, 웨이팅도 길지 않아 편한 마음으로 방문하기에 좋은 곳이다.

OPEN | 매일 07:30~22:30 WEB | thegreydog.com

7 윌리엄스버그에 가야 할 이유 FIVE LEAVES

부담 없는 가격에 음식 맛이 만족스러운 윌리엄스버그의 힙한 레스토랑, **파이브리브스**. 리코타 팬케이크와 파이브리브스 버거가 시그니처 메뉴다. 아보카도 토스트, 벌꿀과 무화과 조각을 곁들인 하우스메이드 리코타도 꿀맛! 브런치 타임 이후에는 오이스터 해피아워가 곧바로 이어져 윌리엄스버그의 힙스터들이 모여드는 흥겨운 바로 변신한다. 가게가 작아 웨이팅 시간이 긴 편이다.

OPEN | 매일 08:00~01:00 WEB | fiveleavesny.com ADD | 18 Bedford Avenue Brooklyn

EUROPEAN BRUNCH

유럽의 감성이 뉴욕의 문화를 만났을 때

	레스토랑	가격	대표 메뉴	브런치 마감	오픈	위치	예약
8	발타자르	$24~30	에그 플로렌틴 라타투이 오믈렛	본문 참조	1997	놀리타(소호)	O(필수)
9	르 그레이니	$12~16	양파 수프 라타투이	15:00~ 16:00	2005	첼시	×
10	프룬	$16~20	에그 베네딕트 여러 가지 요리	주말 15:00	1999	이스트빌리지	O
11	카페랄로	$6~12	프렌치 키쉬 비엔나 브런치	16:00	1988	어퍼웨스트	×

8 소호 최고의 핫플레이스 BALTHAZAR

'정통 프렌치 비스트로'를 표방하고 있지만, 브런치 섹션에 소개한 곳 중 가장 규모가 큰 **발타자르**는 파리의 비스트로보다는 화려하고, 뉴욕의 클럽보다는 소박한 하이브리드형 레스토랑이다. 소호의 옛날 공장 건물을 개조해 만든 넓은 공간은 아침부터 저녁까지 만원을 이룬다. 진한 어니언 수프와 라타투이 오믈렛, 오리콩피 같은 프렌치 가정식을 좋아한다면, 발타자르를 방문할 이유가 충분하다. 요일과 시간대별로 메뉴가 복잡하게 바뀌는데, 주말의 브런치 시간에는 대표 메뉴를 모두 주문할 수 있어 예약이 빠르게 마감된다. 줄이 너무 길 때에는 바로 옆의 '발타자르 베이커리'에서 간단한 타르트나 샌드위치로 대체하는 것도 방법. 뉴욕의 유명 카페와 레스토랑에 빵을 납품하는, 유명 베이커리다.

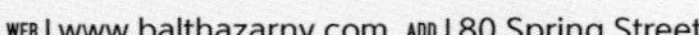
WEB | www.balthazarny.com ADD | 80 Spring Street

* 발타자르의 주요 메뉴를 시간대별로 정리한 것

메뉴	Breakfast 평일 07:30~11:30 주말 08:00~09:00	Lunch 평일 12:00~16:30	Brunch 주말 09:00~16:00	Dinner 매일 17:30~24:00
양파 수프	×	O	O	O
에그 베네딕트	O	O	O	×
에그 플로렌틴	O	×	O	×
브리오슈 프렌치 토스트	O	×	O	×
빵바구니 (Le Panier)	O	×	O	×
라타투이 오믈렛	×	×	O	×

9 맛있는 양파 수프 LE GRAINNE CAFÉ

첼시에서 가장 오래된 벽돌 건물에 자리 잡은 **르 그레이니 카페**는 발타자르에 비해 분위기와 가격 면에서 부담 없고 편안한 프렌치 비스트로. 이른 아침부터 문을 열고 따끈한 양파 수프, 달콤한 크레이프, 사이드로 주문 가능한 라타투이 등 가벼운 식사가 가능한 아늑하고 작은 카페.

OPEN | 08:00~24:00 WEB | www.legrainnecafe.com ADD | 183 9th Avenue

10 작가를 꿈꾸던 요리사 PRUNE

가브리엘 해밀턴Gabrielle Hamilton 셰프는 원래 미시간 대학에서 작가 지망생의 길을 걷다가, 중간에 작은 레스토랑 **프룬**을 오픈한다. 프랑스인 어머니의 영향을 받은 프렌치-아메리칸 퓨전 메뉴로 탄탄한 명성을 쌓아 제임스 비어드 재단의 뉴욕 베스트 셰프상(2009, 2010)을 받았고, 이어서 2012년에는 저서 《Blood, Bones and Butter》로 저술·문학상까지 거머쥐며 두 가지 꿈을 모두 이룬 다재다능한 셰프다.

OPEN | Brunch 주말 10:00–15:30, Dinner 매일 17:30 ~ 23:00 WEB | prunerestaurant.com ADD | 54 E 1st Street

11 유러피안 카페 CAFÉ LALO

카페 랄로는 지금은 고전이 된 로맨틱 코미디 영화, '유브 갓 메일'에 등장해 이름이 알려졌다. 크루아상이나 요거트, 키쉬 등 아주 간단한 식사와 100여 종류의 케이크를 판매한다. 저녁에는 라이브 뮤직이 연주되는 빈티지한 유러피안 카페.

OPEN | 매일 09:00~01:00 WEB | cafelalo.com ADD | 201 W 83rd Street

FUSION/SPECIAL BRUNCH

뉴욕에서 한창 유행하는 지중해식/중동식 및 퓨전 브런치에 도전하기

	레스토랑	가격	대표 메뉴	브런치 마감	오픈	위치	예약
12	쿡숍	$15~18	우에보스 란체로스	평일 11:00 주말 16:00	2005	첼시	○
13	잭스 와이프 프레다	$12~14	지중해 브런치 샥슈카	오후	2012	소호	× (웨이팅)
14	루비스	$12~15	달걀 요리 파스타/버거	주말 16:00	2003	놀리타(소호)	× (웨이팅)

12 요즘 뜨는 건강 브런치 COOKSHOP

환하고 쾌적한 실내, 좋은 로컬 재료를 사용한 팜투테이블 컨셉트와 중동 및 남미 음식을 접목한 건강식으로 제2의 전성기를 맞은 **쿡숍**. 토르티야 위에 삶은 달걀과 치즈, 라임크림, 소스를 얹어 먹는 멕시칸 브런치 우에보스 란체로스Huevos Rancheros, 페타치즈와 팔라펠이 들어간 아침 식사 샐러드 등 색다른 음식이 식욕을 당긴다.

OPEN | 평일 08:00~23:30, 주말 10:00~22:00
WEB | cookshopny.com ADD | 156 10th Avenue

13 독특한 브런치 레스토랑 JACK'S WIFE FREDA

잭스 와이프 프레다는 이스라엘 출신의 아내 '마야'와 남아프리카 출신의 남편 '딘'이 운영하는 소호의 인기 브런치 카페. 다들 궁금해하는 잭과 프레다는 딘의 조부모 이름이라고 한다. 스프링 스트리트 지하철역 바로 옆에 있고, 주말에는 항상 길게 줄을 선다. 지중해식 브런치와 이스라엘식 달걀 요리 샥슈카Shakshouka가 대표 메뉴.

OPEN | 매일 08:00~24:00 WEB | jackswifefreda.com ADD | 224 Lafayette Street

14 걸그룹도 다녀간 RUBY'S CAFE

놀리타의 매우 작은 가게, **루비스 카페**는 요즘 매우 핫한 브런치 스폿. 신선한 아보카도 새우 샐러드, 홈메이드 파스타, 브론테 버거와 와일리스 버거 등 오스트레일리아 스타일에 뉴욕 로컬 식재료를 활용한 브런치가 인기다.

PAY | 현금 결제 OPEN | 매일 09:00~23:00 WEB | rubyscafe.com ADD | 219 Mulberry Street

DB Bistro Moderne p.78 Daniel Boulud

CHAPTER 2

LUNCH & FOOD HALL

빼놓을 수 없는 런치메뉴

수제버거

Burgers in nyc

#수제버거 #버거조인트 #쉐이크쉑버거

좋은 소고기로 빚은 두툼한 패티를 치즈, 토마토, 양파와 함께 고소한 빵에 끼워 먹는 수제버거는 뉴요커의 특별한 버거 사랑을 경험하기 위해서라도 꼭 먹어봐야 한다. 뉴욕 대부분의 아메리칸 레스토랑에서는 스테이크처럼 고기의 익힘 정도를 선택해 직화 그릴에 세심하게 구워내는 고급 버거 메뉴를 갖추고 있는데, 사용하는 재료의 퀄리티만큼이나 가격도 천차만별이다.
오랜 전통을 지닌 태번의 버거, 스타 셰프의 레스토랑에서 먹는 프리미엄 버거, 독특한 재료를 사용한 트렌디한 버거, 버거 전문점(Burger Joint)까지, 뉴욕에서 사랑받는 버거 맛집을 특징별로 비교했다.

뉴욕 버거맛집 완벽 가이드

	Name	Price*	Tip*	Type	Since	Memo
1	**미네타 태번**	$30	○	태번	1937	캐러멜라이즈드 어니언으로 감싼 터프한 버거
2	**아이피오리**	$30	○	파인다이닝	2010	여러 가지 고기를 블렌딩한 프리미엄 퓨전 버거
3	**DB 비스트로**	$35	○	파인다이닝	2001	푸아그라와 블랙 트러플이 들어간 프렌치 퓨전 버거
4	**쉐이크쉑**	$5~7	×	캐주얼	2004	특제소스와 주시함을 강조하여 큰 성공을 거둔 뉴욕 버거
5	**베어 버거**	$10~14	×	캐주얼	2009	다양한 선택지를 제공하는 버거 체인
6	**버거 조인트**	$10	×	캐주얼	2003	고급 호텔 로비에서 맛보는 직화버거
7	**휘트먼스**	$12	×	캐주얼	2010	지역색을 반영한 치즈버거
8	**파이브 가이즈**	$6~8	×	캐주얼	1986	오바마 버거로 불리는 미국 동부의 대표적인 버거 체인
9	**우마미 버거**	$10~15	×	캐주얼	2009	감칠맛 넘치는 표고버섯 패티로 유명한 LA 버거
10	**살베이션 버거**	$25	○	트렌디	2016	두툼한 블루 치즈 패티로 유명한 핫 플레이스
11	**피터 루거**	$15~18	○	태번	1887	뉴욕 최고 스테이크하우스의 런치 메뉴 p.148
12	**올드 홈스테드**	$19	○	태번	1868	낮에는 앵거스 비프 치즈버거 저녁에는 고베비프 버거 p.151
13	**피제이 클락스**	$16	○	태번	1884	가수 냇킹 콜이 사랑한 캐딜락 버거 p.169
14	**그래머시 태번**	$30	○	파인다이닝	1994	파인다이닝 레스토랑의 런치 메뉴 p.27
15	**스포티드 피그**	$25	○	트렌디	2004	블루 치즈를 얹은 부드러운 버거 p.26

* **Price** 런치메뉴 기준이며 시그니처 버거 한 개의 대략적인 가격(Tax 미포함).
* **Tip** 종업원에게 팁을 줘야 하는 정식 레스토랑을 ○, 카운터에서 직접 주문하는 버거 조인트를 ×로 표시

1 고급버거의 기준 MINETTA TAVERN @ 웨스트빌리지

뉴욕 버거를 논할 때 빠지지 않는 **미네타 태번**의 '블랙 라벨 버거'는 라프리다[1]의 드라이 에이지드 립아이를 사용해 만든다. 제법 터프한 질감의 고기 패티를 노릇노릇하게 익힌 양파(캐러멜라이즈드 어니언)로 덮어 식감을 부드럽게 했다.

미네타 태번은 벽에 캐리커처 액자가 빼곡하게 걸린 앤티크한 분위기의 태번이다. 어니스트 헤밍웨이, 에즈라 파운드, 딜런 토머스, 유진 오닐 같은 대문호들의 단골집이었다는 역사 자체도 흥미로운데, 키스 맥낼리[2]의 기획이 더해져 트렌드 면에서도 전혀 뒤처지지 않는다. 미슐랭 1스타와 뉴욕타임스 3스타에 랭크되어 있다.

SINCE 1937 PRICE $$$ OPEN Lunch (수~금요일) 12:00~15:00, Dinner (매일) 17:30~24:00, Brunch (토·일요일 11:00~15:00) WEB www.minettatavernny.com ADD 113 MacDougal Street MENU Black Label Burger KEYWORD 미슐랭☆, 뉴욕 1위 버거, 유서깊은 태번

© Emilie Baltz

MINI BOX

1 **팻 라프리다**Pat LaFrieda Meat Purveyors는 미네타 태번, 쉐이크쉑, 스포티드 피그, 아이피오리, 마리오 바탈리의 여러 레스토랑에 고기를 납품하는 뉴저지의 유명 식육 가공업체다.

2 런던 출신의 레스토라터 **키스 맥낼리**Keith McNally는 트라이베카의 오데온, 그리니치빌리지의 미네타 태번 등 유서 깊은 레스토랑을 트렌드에 맞게 리모델링했고, 프렌치 비스트로 룩셈부르크와 발타자르까지 성공시키며 '다운타운을 재발견한 자'라고 불릴 정도의 입지를 굳혔다. 최우수 레스토라터(2010)로 제임스 비어드 상을 받은 바 있다.

Photo courtesy of Altamarea Group(Burger ©Evan Sung; Food&Intenor ©Noah Fecks)

2 이탈리안과 프렌치의 만남, AI FIORI @ 미드타운

마이클 화이트p.142 셰프가 긴 연구 끝에 개발했다는 **아이피오리**의 버거는 화이트 라벨 버거라는 이름 때문에 미네타 태번의 블랙 라벨 버거에 비견되기도 한다. 실제로 두 곳 모두 라프리다 패티를 사용한다.

화이트 라벨 버거는 목살Chuck, 가슴살Brisket, 숏립Short Rib, 립아이Rib Eye의 여러 부위를 블렌딩해 부드러운 맛을 강조한 프리미엄 퓨전 버거다. 동그란 모양의 프랑스식 감자요리 폼도핀pommes dauphines과 어울리는 네모난 모양의 패티가 재미있다.

아이피오리는 미슐랭 1스타, 뉴욕타임스 3스타를 받았으며, 전반적으로 가격대가 높은 파인다이닝 레스토랑이다. 버거 메뉴는 점심 시간에만 주문 가능하다.

PRICE | $$$($) OPEN | Lunch 12:00~14:00, Dinner 17:30~22:00 WEB | aifiorinyc.com STYLE | 뉴이탈리안 ADD | 400 Fifth Avenue MENU | White Label Burger, 런치 프리픽스 2코스 $50

KEYWORD | 미슐랭☆, 예약권장, 드레스코드

3 트러플이 들어간 세련된 버거
DB BISTRO MODERNE @ 미드타운

스타 셰프 다니엘 블뤼가 캐주얼 레스토랑 **디비 비스트로**를 오픈했을 때, 최고의 프렌치 셰프가 만든 미국식 햄버거에 뉴욕 미식가들의 관심이 집중됐다. 서로인(등심 부위) 패티에 레드와인으로 쪄낸 숏립(갈비), 블랙 트러플(송로버섯)과 푸아그라를 혼합한 DB 버거는 프렌치의 향미와 고기의 부드러움을 극대화했다는 호평을 받았고, 당시 뉴욕에 고메 버거Gourmet Burger 열풍을 불러일으켰을 정도.

메뉴를 발표한 지 15년이 지난 오늘날에도 DB 비스트로의 대표 메뉴로 이름을 올리고 있는 DB 버거는 아침 식사시간을 제외한 전 시간대에 같은 가격으로 주문할 수 있다. 타임스스퀘어와 가깝다는 점을 활용해 뮤지컬을 보러 가기 직전 식사할 수 있는 Pre-Theater Dinner 메뉴도 갖췄다.

PRICE $$$ **OPEN** Breakfast (평일) 07:00~10:00, (주말) 08:00~11:30, Lunch (평일) 11:15~14:30, Dinner (일·월) 18:30~22:00, (화~토) 18:30~22:00, Brunch (주말) 11:30~14:30 **WEB** www.dbbistro.com/nyc
STYLE 컨템포러리 프렌치 **ADD** 55 W 44th Street
MENU The Original DB Burger $35, 런치 프리픽스 2코스 $32, 프리-시어터 3코스 $50
KEYWORD 예약권장, 드레스코드, 다니엘 블뤼 p.140

Photo courtesy of DB Bistro Moderne (Burger © E.Kheraj; Food © Noah Fecks; Interior © Daniel Krieger)

4 뉴욕버거의 대명사 SHAKE SHACK @ 플랫아이언

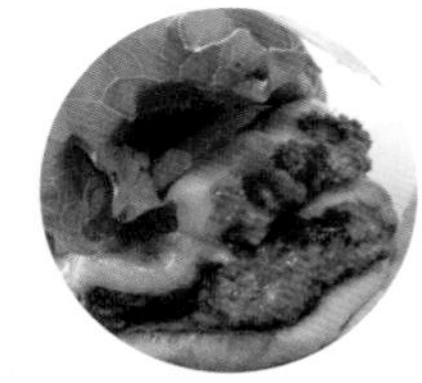

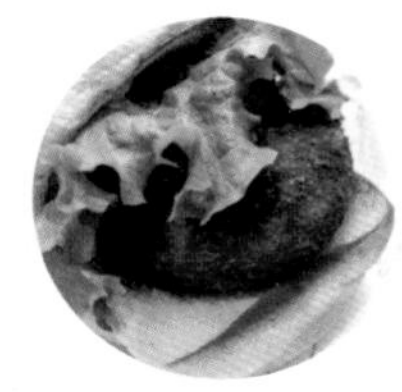

기존 프랜차이즈 버거의 단점을 보완해 좋은 퀄리티의 수제버거를 적당한 가격에 먹을 수 있도록 한 **쉐이크쉑** 버거. 당일 공급된 신선한 고기를 절묘하게 블렌딩한 앵거스 비프 패티는 부드럽고 육즙이 많은 타입이다.

별다른 요청이 없는 한 패티는 미디엄으로 구워주고, 치즈, 양상추, 토마토, 특제소스가 기본으로 들어간다. 피클과 양파 추가를 요청할 수 있다. 싱글쉑Single Shack은 가장 기본이 되는 패티 한 장짜리 치즈버거, 더블쉑Double Shack은 패티가 두 장이다. 치즈를 원치 않는다면 햄버거Hamburger로 주문할 수 있다. 스모크쉑Smoke Shack은 훈제 베이컨과 체리페퍼가 들어간 치즈버거. 슈룸버거Shroom Burger는 고기 대신 커다란 포토벨로 머시룸을 튀겨서 패티로 사용한다. 버섯 안에 녹인 뮌스테르 치즈와 체다치즈를 듬뿍 채워 넣었다. 고기 패티와 버섯 패티 두 가지가 모두 들어간 쉐이크스택Shake Stack은 양도 두 배, 입안 가득 퍼지는 주시함도 두 배다.

국내에도 지점을 오픈했고, 전 세계에 빠른 속도로 체인점을 확장 중인데, 이왕 뉴욕을 방문했다면 엠파이어 스테이트 빌딩이 보이는 플랫아이언의 야외 테이블에서 본점만의 맛과 분위기를 느껴보자.

PRICE | $$ OPEN | 매일 11:00~23:00 WEB | www.shakeshack.com STYLE | 버거전문점 ADD | Madison Square Park (E 23rd Street)

5 입맛대로 조합해 먹는 나만의 버거
BARE BURGER @ 체인

베어 버거는 패티와 번, 치즈, 채소와 소스까지 입맛대로 골라먹을 수 있는 맞춤형 버거 전문점이다. 뉴욕 퀸스에서 2009년 문을 연 가게는 어느덧 미국, 캐나다, 유럽, 일본까지 체인점을 확장했을 정도로 성장했다. 벽에는 곰 모형을 걸고, 목재로 내부를 장식해 숲 속 산장 느낌이 난다. 적당한 가격에 특별한 버거를 맛보려면 베어 버거로!

PRICE | $$ OPEN | 매일 11:00~22:00 WEB | www.bareburger.com
STYLE | 버거전문점 ADD | 미드타운점 366 W 46th Steet, 첼시점 153 8th Avenue, 이스트빌리지점 85 2nd Avenue

베어 버거의 다양한 버거 속재료 알아보기

➡ 고기 패티
- 비프(Beef, 일반 소고기)
- 터키(Turkey, 칠면조)
- 엘크(Elk, 사슴)
- 바이슨(Bison, 들소)
- 와일드 보어(Wild Boar, 멧돼지)
- 덕(Duck, 오리)
- 그릴드 레몬 치킨(Grilled lemon chicken, 닭고기)

➡ 비건 패티
- 스위트포테이토 앤 와일드라이스 (Sweet potato & Wild rice 고구마와 쌀)
- 블랙빈(Black Bean, 검은콩)
- 퀴노아(Quinoa, 쌀과 비슷한 곡물)

➡ 번
- 브리오슈(Brioche, 버터와 달걀이 많이 들어간 부드러운 빵)
- 타피오카 라이스(Tapioca Rice Bun)
- 스프라우트(Sprout, 비건 메뉴)
- 콜라드 그린(Collard Green, 비건 메뉴)

➡ 치즈
- 콜비(Colby, 맛이 부드러운 위스콘신 치즈)
- 에이지드 체다(Aged Cheddar, 최소 3개월 숙성시킨 단단한 오렌지빛의 치즈)
- 페퍼잭(Pepper Jack, 부드러운 맛의 몬터레이잭 치즈에 할라피뇨를 넣은 것)
- 만체고(Manchego, 양의 우유로 만든 스페인 치즈)
- 퀘소 프레스코(Queso Fresco, 크리미한 흰 치즈)
- 아미시 블루(Amish Blue, 맛과 향이 강한 블루 치즈)
- 비건 체다(채식주의자를 위한 치즈)

대표 메뉴

• 스탠더드 버거

The Standard: Beef, Colby, Stout Onions, Dill Pickles, Special Sauce, Brioche Bun

부드러운 콜비 치즈로 소고기 패티를 완전히 감싸고, 양파는 노릇하게 익혀 패티의 촉촉함이 잘 느껴지는 대표 버거.

• 카운티 페어

County Fair

스탠더드 버거와 동일한 번과 패티를 사용하는 대신, 체다치즈, 생 양파와 토마토, 양상추가 들어가 좀 더 상큼한 맛. 일반적인 버거에 가깝다.

• 블루 엘크 또는 블루 바이슨

Blue Elk, Blue Bison: Amish blue, country bacon, stout onions, tomato fig jam, sprout bun

소고기에 비해 깊고 진한 향이 나는 사슴 또는 들소고기에 도전해보자. 블루 치즈에 홀그레인 빵을 사용해 야성의 맛을 배가시켰다. 부드러운 브리오슈 번으로 교체가 가능하다.

BURGER JOINT @ 미드타운

PRICE | $$ WEB | www.burgerjointny.com ADD | 119 W 56th Street

르파커메르디앙 호텔 로비 구석, 커튼 뒤에 숨은 작은 버거 전문점 **버거 조인트**. 서울에도 체인점이 있다. 메뉴는 일반 햄버거 또는 치즈버거 중 하나를 택하고, 고기의 익힘 정도와 토핑을 선택할 수 있다. 재료를 모두 넣은 치즈버거를 주문하려면 "Medium cheeseburger with the works"라고 하면 된다.

WHITMAN'S @ 이스트빌리지

PRICE | $$ WEB | whitmansnyc.com ADD | 406 E 9th Street

이스트빌리지에 정식 매장이 있고, 푸드홀 시티키친과 허드슨야드에서 영업 중인 로컬 버거 전문점, **휘트먼스**. 녹아내린 치즈와 어우러지는 패티는 즙이 많고 부드러운 편. 미네소타 스타일의 주시루시 버거에는 맛이 순한 피멘토 고추가 섞인 치즈를 사용했고, 남부 스타일의 맨골드 버거, 뉴욕 업스테이트 스타일의 버거 등 지역색을 반영한 메뉴가 인상적이다.

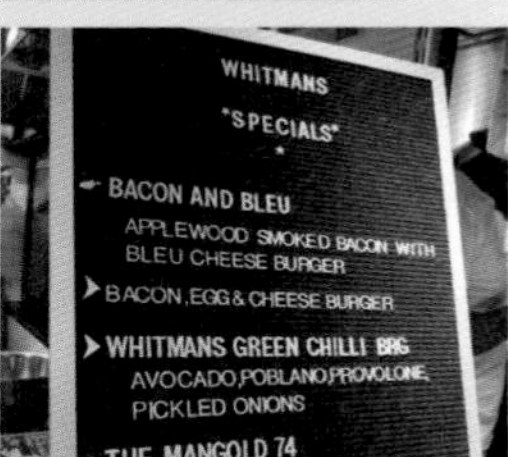

FIVE GUYS @ 체인

PRICE | $ WEB | www.fiveguys.com

1986년 워싱턴 D.C. 근교에서 탄생한 **파이브 가이즈**는 미국 전역에 1,000여 곳의 매장을 갖춘 대형 프랜차이즈로 성장했다. 오바마 대통령이 좋아하는 버거로 손꼽아 일명 '오바마 버거'로도 불린다.

서민적인 브랜드지만 냉동제품 대신 매장에서 일일이 패티를 빚어 사용하고, 무제한 토핑을 제공하는 것으로 일반 패스트푸드점과 차별화를 꾀했다. 별도 요청을 하지 않는 이상 패티의 굽기는 웰던으로 통일하여 구워주고, 토핑은 선택적으로 넣을 수 있다. 할라페뇨, 그린 페퍼, 스테이크 소스를 포함해 모든 토핑을 넣으려면 에브리씽 버거 Everything Burger를, 메뉴 중 검은색 글씨의 토핑만 넣으려면 올 더 웨이 버거 All the Way Burger를 주문하면 된다.

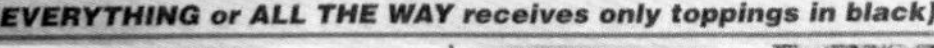

UMAMI BURGER @ 그리니치빌리지

PRICE | $$ WEB | www.umamiburger.com

서부 LA에서 온 특별한 버거 브랜드 **우마미 버거**가 뉴욕에서도 인지도를 높이고 있다. 미디엄 레어로 서빙되는 소고기 패티에 표고버섯Shittake mushroom, 하우스 케첩을 사용해 일본어로 '감칠맛'을 뜻하는 우마미를 극대화했다. 이외에도 트러플 버거나 서니사이드 버거처럼 독창적인 버거를 만든다. 허드슨이츠 푸드홀, 그리니치빌리지, 윌리엄스버그에 정식 매장이 있다.

SALVATION BURGER @ 미드타운이스트

PRICE | $$($) WEB | www.salvationburger.com

에이프릴 블룸필드 셰프의 트렌디한 버거 전문점 **살베이션 버거**는 입소문을 타고 단번에 뉴욕의 인기 버거로 올라섰다. 시그니처 메뉴인 살베이션 버거는 두툼한 패티에 향이 강한 탈레지오 치즈 Taleggio나 블루치즈를 얹은 육즙이 풍부한 스타일이다. 아메리칸 치즈가 들어간 클래식 버거, 생선 버거, 훈제 핫도그, 베지 버거도 있다. 방문 전 영업 여부를 반드시 확인할 것.

이건 꼭 먹어야 해!

뉴욕 피자

Newyork Pizza

#화덕피자 #엑스트라치즈
#브루클린피자

화력 좋은 화덕에서 갓 구워낸 쫄깃한 피자. 생 모차렐라 치즈와 토마토소스, 바질향의 어울림. 아주 커다란 도우 위에 푸짐하게 토핑을 얹어 먹는 뉴욕 스타일의 피자는 오늘날 전 세계인이 즐기는 피자 프랜차이즈 브랜드의 원형이기도 하다. 19세기 후반, 나폴리 출신의 이탈리아 이민자들이 들여온 피자가 제2차 세계대전 종전과 미국 경기 호황이 맞물리면서 14~18인치(35~45cm)로 크기가 커졌다. 삼각형으로 잘라낸 커다란 슬라이스(Slice, 조각)를 손에 들고 반으로 접어서(Fold and Hold) 먹는 것이 뉴욕 스타일!

뉴욕피자 완벽가이드

➡ 뉴욕 3대 피자는 어디?

뉴욕에서는 미국 최초의 피체리아 ① Lombardi's와 그 종업원들이 오픈한 ② Tontonno's ③ John's ④ Patsy's를 원조로 꼽는다. 다만, 초창기부터 뉴욕 피자를 만들어온 1세대 장인들은 모두 타계하고 후손과 계승자들이 뉴욕 피자의 전통을 이어가고 있다.

➡ 피자 맛의 차이는 Brick & Coal

정통 뉴욕 피자는 화력이 매우 강하고 내부가 건조한 석탄Coal 오븐에서 굽는다. 빠른 속도로 구워내야 하기 때문에 크러스트가 유난히 바삭하고, 도우에서 묻은 약간의 그을음이 특유의 쌉싸름한 맛을 낸다. 환경문제로 인해 추가적인 석탄 오븐 설치가 금지된 뉴욕에서는 'Coal Fired Oven'을 보유했다는 것 자체가 뉴욕 피자의 정통성을 상징한다.

1905년부터 사용해오고 있는 롬바르디스의 석탄 화덕

물론, 석탄 화덕만이 맛의 전부를 좌우하지는 않는다. 브루클린의 디파라Di Fara는 화력이 낮은 가스 화덕을 사용하지만 좋은 피자로 인정받고 있으며, 최근에는 뉴욕에도 정통 나폴리 피자 바람이 불면서 나폴리피자협회(VPN, Verace Pizza Napoletana)의 인증을 받은 가게가 많아졌다. 톡 쏘는 와사비 피자나 페타치즈를 얹은 그리스피자 같은 퓨전 메뉴도 등장했다.

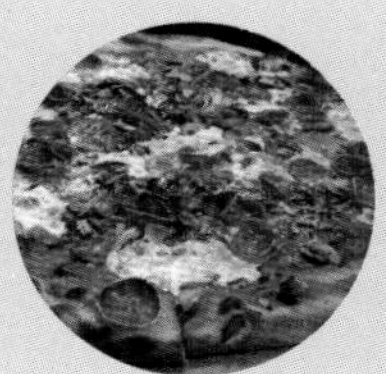
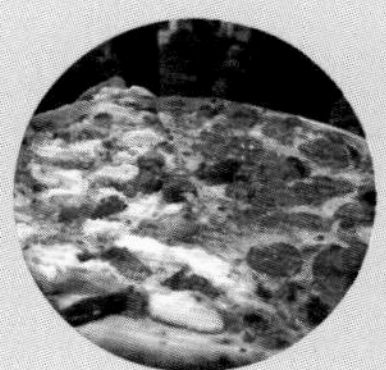
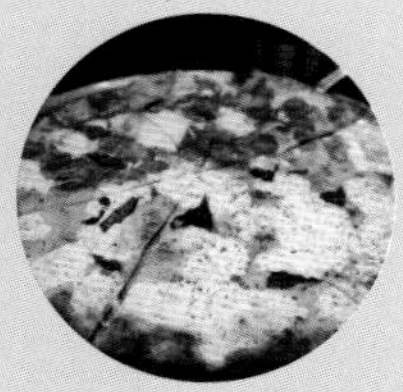

뉴욕 피자의 원조

LOMBARDI'S PIZZERIA - SINCE 1905

놀리타(소호)

나폴리 출신의 제나로 롬바르디Gennaro Lombardi가 1905년, 뉴욕 리틀 이탈리아의 스프링 스트리트Spring Street에 문을 연 **롬바르디스**는 미국 최초의 피체리아로 기록되어 있다. 오랜 역사를 증명하는 낡은 오븐을 그대로 사용 중이라는 것도 놀랍지만, 100년이 넘는 세월 동안 여전한 인기가 유지된다는 점이 더 놀랍다.

롬바르디스의 마르게리타 피자에는 이탈리아의 산 마르자노San Marzano 토마토소스, 이탈리안 치즈인 페코리노 로마노Pecorino Romano치즈, 신선한 바질이 사용된다. 다른 피자 레스토랑에 비해 도우의 탄 맛이 확연하게 느껴지고 토마토소스의 산미가 강한 것이 특징.

PRICE | $$ OPEN | Lunch & Dinner 11:30~23:00 WEB | www.firstpizza.com ADD | 32 Spring Street
SUBWAY | 지하철 Spring St (6호선)
KEYWORD | 예약 불가, 웨이팅, 현금 결제

마음껏 먹고 마시고 떠들어도 편한 동네 식당

JOHN'S PIZZERIA - SINCE 1929

그리니치빌리지

롬바르디의 제자 John Sasso가 1929년에 오픈한 **존스 피체리아**. 여전히 Sasso 가족이 운영하고 있으며, 석탄 오븐도 초창기 모습 그대로다. 가게 벽과 테이블에 촘촘하게 새겨진 낙서가 오랜 세월을 실감하게 한다. 커다란 피자 한 판과 맥주를 시켜놓고 흥겹게 떠드는 동네 아저씨들의 모습도 보이는 선술집 같은 분위기. 주말 저녁에는 정통 피자를 먹으려는 젊은이들도 길게 줄을 선다. 블리커 스트리트에 있어 John's of Bleecker Street로 불리기도 한다.

PRICE | $$ OPEN | Lunch & Dinner 11:30~23:30 WEB | www.johnsbrickovenpizza.com ADD | 278 Bleecker Street
SUBWAY | 지하철 Christopher St (1호선)
KEYWORD | 예약 불가, 웨이팅, 현금 결제

미국 베스트 피자 1위!

JULIANA'S - SINCE 2011

덤보(브루클린)

한국인 여행자에게 잘 알려진 그리말디스 피자의 창업자 팻시 그리말디Patsy Grimaldi는 롬바르디의 제자인 외삼촌Patsy Lanciery으로부터 열 살 때부터 피자 기술을 배운 경력 70년의 피자 장인이다. 그리말디스를 매각했다가 그 자리에 다시 **줄리아나스**를 열었고, 단번에 미국 최고의 피체리아 타이틀을 얻었다(2015 TripAdvisor).

HOW TO ORDER

뉴욕 피자 제대로 주문하기

재료의 맛을 충분히 느끼려면 성인 2~3인용의 라지 사이즈로 주문해야 맛있다. 피자 한 판의 가격은 $16~20 사이, 토핑은 종류별로 $2~4 정도. 기본 피자에 한두 가지 토핑을 추가해 보자.

➡ 기본 피자

- **마르게리타**Margherita 토마토의 레드, 모차렐라 치즈의 화이트, 바질의 그린. 신선한 재료가 들어간 가장 기본적인 피자.
- **마리나라**Marinara 토마토소스와 마늘을 얹은 심플한 피자.
- **화이트**White 토마토소스 없이 치즈와 마늘을 얹어 담백한 도우의 맛을 살린 피자.

➡ 하프앤하프

정식 메뉴에는 없지만 두 가지 맛을 볼 수 있는 Half & Half 피자를 주문할 수 있는지 질문해 보자. 가능하다면, 한쪽 면은 화이트 피자에 엑스트라 치즈토핑을 추천!

➡ 토핑 종류

- **페페로니**Pepperoni 돼지고기와 소고기를 섞어 만든 동그랗고 단단한 미국식 살라미. 가장 보편적인 토핑.
- **소시지**Sausage 휀넬(회향) 또는 아니스로 양념한 이탈리안 소시지. 향이 강할 수 있다.
- **미트볼**Meatballs 돼지고기와 소고기를 갈아 만든 미트볼을 반씩 잘라 얹어준다.
- **판세타**Pancetta 소금에 절인 이탈리아식 돼지고기 베이컨.
- **올리브**Olive 보통 블랙 올리브를 잘게 슬라이스해 얹어준다. 짠맛이 강해 추천하지 않는다.
- **머시룸**Mushroom 양송이 버섯 슬라이스. 고기 종류의 토핑과 잘 어울린다.
- **엑스트라 치즈**Extra Cheese 생 모차렐라 치즈를 추가한 피자는 어느 토핑과 조합해도 잘 어울린다.

뉴욕 피자의 달인 팻시 그리말디

여든이 넘은 나이에도 레스토랑에 나와 직접 맛과 품질을 컨트롤할 정도로 열정을 지닌 그를 화덕 앞에서 잠시 만났다.

Q 가게 이름 줄리아나스는 어떤 의미인가?

사랑하는 내 어머니의 이름이다.

Q 토핑의 종류가 많아서 고민될 때가 많다. 당신이 가장 좋아하는 피자 토핑은 무엇인가?

이탈리안 수제 소시지를 넣어 먹는 타입을 가장 좋아한다.

Q 피자와 함께 어떤 사이드 메뉴가 잘 어울릴까?

렌틸 수프Lentil Soup로 식욕을 돋워주면 피자가 더 맛있지 않을까.

Q 한국 독자들에게 전하고 싶은 말은?

이렇게 멀리 브루클린까지 와줘서 고마워요. 특히 줄리아나스를 방문하고 우리 피자를 즐겨 줘서 정말 고맙습니다!

뉴욕 피자의 정통성과 기술을 고스란히 이어받은 줄리아나스의 피자는 당연히 수제 피자다. 글루텐 함량이 높은 밀가루로 도우를 반죽하고 충분히 숙성시킨 다음 넓게 펴서 특제 토마토소스를 바른다. 그 위에 부드럽기로 정평이 난 줄리아나스의 생 모차렐라치즈를 얹고, 주문서대로 토핑을 추가한다. 그리말디스 시절과 차별화하기 위해 재료에도 각별한 신경을 쓴다고.

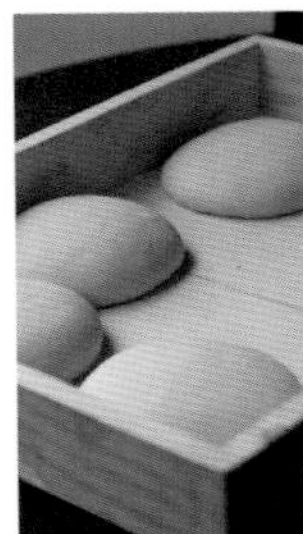

숙성 중인 도우

화덕에서 갓 구워낸 피자

반으로 접어먹는 조각피자

Photo courtesy of Juliana's © Biz Jones

PRICE | $$ OPEN | Lunch & Dinner 11:30~23:00 WEB | julianaspizza.com ADD | 19 Old Fulton Street, Brooklyn
SUBWAY | 지하철 High St.역(A, C호선)에서 강변 쪽으로 도보 10분
KEYWORD | 예약 불가, 웨이팅, 카드 결제 가능, Half&Half피자

뉴욕 혼밥에 도전하다

델리카트슨

NY Delicatessen

#혼자라도괜찮아 #파스트라미 #샐러드볼

1800년대 중반 독일계 이민자를 중심으로 뉴욕에 전파된 델리카트슨(Delicatessen; 줄임말로 델리)은 가장 오래된 형태의 대중 음식점이다. 초창기에는 유럽과 마찬가지로 수입 제품을 취급하는 고급 식료품점에 가까웠으나 점차 독일식 또는 유대인식 가공육을 파는 식료품점으로 발전했다. 오늘날 미국에서는 가벼운 식사를 파는 카페테리아까지 모두 델리로 통칭하기 때문에 이 책에서는 편의상 ❶ 파스트라미 전문점 델리카트슨 ❷ 전통 독일식 정육점 ❸ 캐주얼한 식사가 가능한 카페테리아 세 종류로 구분하여 정리했다.

SPECIAL TIP

옐프로 내 주변의 델리 찾기

옐프란 미국 최대의 지역 기반 SNS로, 맛집을 검색할 수 있는 음식 리뷰 사이트이다. 검색창에 'Delis'를 입력하면 앞서 소개된 여러 종류의 델리가 혼합된 검색 결과가 나타날 것이다. 카츠 델리처럼 유서 깊은 델리카트슨은 리뷰가 몇천 개 수준. 유대계 델리는 'Kosher'로, 이탈리아식 샌드위치 가게는 'Italian' 'Sandwich' 등으로 구분된다. 'Grocery'와 'Deli'가 함께 적혀 있고, 가격 표시가 $라면 무난한 동네 카페테리아일 확률이 높다. 샐러드바를 찾는다면 검색어에 'Salad'를 추가해 보자.

WEB | www.yelp.com

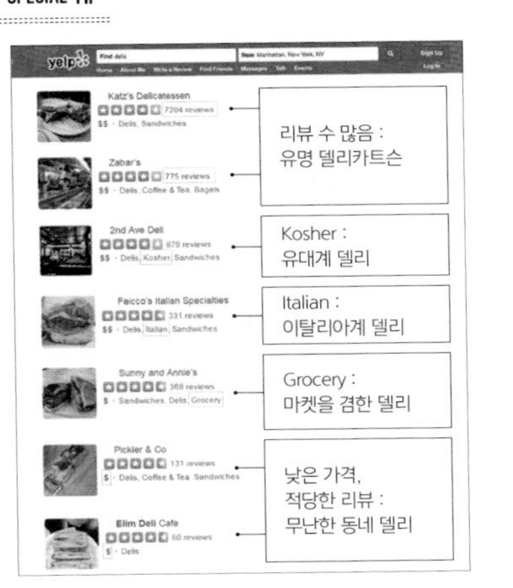

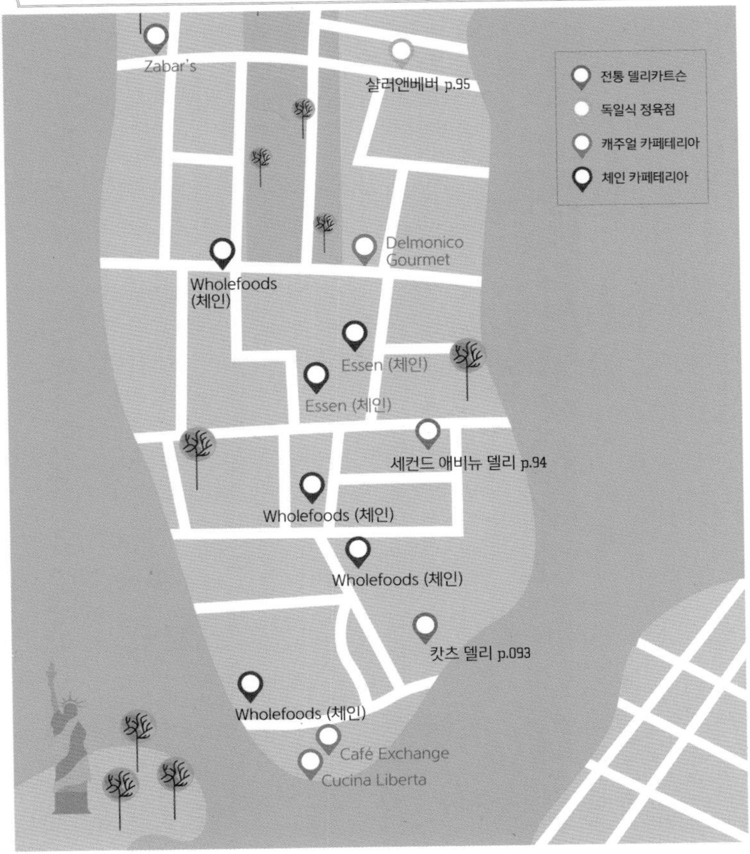

Katz's Delicatessen
Zabar's
2nd Ave Deli
Faicco's Italian Specialties
Sunny and Annie's
Pickler & Co
Elim Deli Cafe
리뷰 수 많음 :
유명 델리카트슨
Kosher :
유대계 델리
Italian :
이탈리아계 델리
Grocery :
마켓을 겸한 델리
낮은 가격,
적당한 리뷰 :
무난한 동네 델리

Zabar's
샬러앤베버 p.95
전통 델리카트슨
독일식 정육점
캐주얼 카페테리아
체인 카페테리아
Delmonico Gourmet
Wholefoods (체인)
Essen (체인)
Essen (체인)
세컨드 애비뉴 델리 p.94
Wholefoods (체인)
Wholefoods (체인)
캇츠 델리 p.093
Wholefoods (체인)
Café Exchange
Cucina Liberta

1

빅사이즈 소고기 샌드위치를 파는

'델리카트슨'

파스트라미Pastrami와 콘비프Corned Beef는 통째로 염장/훈제한 고기를 숙성시킨 양질의 슬로푸드다. 주로 소 가슴살인 브리스켓Brisket을 사용하며, 소금물에 절인 것을 콘비프, 염장 후 훈제까지 한 것을 파스트라미라고 부른다. 얇게 썬 고기를 호밀빵Rye에 끼워 커다란 오이 피클과 함께 먹는 샌드위치는 뉴욕에서는 100년이 넘는 세월 동안 사랑받아 온 대표적인 서민음식으로, 특히 고기 마니아라면 맛볼 가치가 충분하다. [예산: $15~25]

뉴욕의 음식 "Reuben Sandwich"

독일식 사우어크라우트, 콘비프, 스위스치즈를 호밀빵Rye Bread에 넣고 러시안 드레싱을 뿌려 따끈하게 데워먹는 루벤 샌드위치는 1914년부터 전해져 오는 미국의 인기 레시피. 뉴욕에서 델리를 운영하던 아놀드 루벤Arnold Reuben이 처음 개발했다고 알려져 있는데, 유명 델리카트슨에서 종종 눈에 띄는 메뉴다.

130년 역사의 파스트라미 전문점

KATZ'S DELICATESSEN - SINCE 1888

로어이스트

1888년부터 질 좋은 파스트라미 샌드위치를 팔아 온 로어이스트의 정통 델리카트슨 **카츠 델리**는 영화 '해리가 샐리를 만났을 때'의 촬영지로 알려지며 전 세계적인 유명세를 얻었다. 매주 만 파운드(4500kg) 이상의 파스트라미를 판매한다는 카츠 델리의 장수 비결은 단연 맛과 전통. 자체 저장고에서 30일간 염장/숙성시킨 좋은 고기를 손님의 주문에 따라 즉석에서 카빙해주기 때문에 갓 잘라낸 따끈한 고기에는 육즙이 가득하고 윤기가 감돈다. 입장할 때 티켓을 나눠주고, 나갈 때 한꺼번에 계산하는 뉴욕의 전통적인 카페테리아 시스템을 체험해보는 것도 재미있다. 주문하면서 티켓을 카운터에 내밀면 음식 가격을 적어준다. 티켓을 잃어버리면 $50의 벌금을 내야 한다.

PRICE | $$ OPEN | 월~수요일 08:00~22:30, 목요일 08:00~02:00, 금요일&일요일 08:00~22:30(토요일 24시간)
WEB | katzsdelicatessen.com ADD | 205 Houston Street
SUBWAY | 지하철 2nd Av (F호선) MENU | 델리카트슨 Katz's Pastrami, Pastrami and Corned Beef Combo
KEYWORD | 예약 불가, 현금 결제, 웨이팅, 옐프 리뷰 7000개, 영화 속 명소

전통 코셔 음식을 맛볼 수 있는

2ND AVE DELI - SINCE 1954

미드타운이스트

세컨드 애비뉴 델리는 유대교의 식사 계율을 엄격하게 따르는 코셔kosher 음식만 판매하는 정통 델리카트슨이다. 푸짐한 음식과 친근한 분위기에 매료된 로컬들이 많이 찾는다. 고기 한 종류만 들어간 일반 샌드위치는 $20, 콘비프와 파스트라미를 섞은 트윈더블은 $26 정도. 특대 사이즈 샌드위치 쓰리데커 3 Decker는 2~3인이 먹어도 될 만큼 양이 많다.
이 외에도 핫케이크 종류인 블린츠Blintze, 감자와 고기, 양파를 넣고 튀긴 크니쉬Knish처럼 쉽게 맛보기 어려운 유대인의 전통 음식 문화를 체험할 수 있는 상징적인 음식점이다.

MINI BOX

굿바이, 카네기 델리

1937년부터 타임스스퀘어에서 영업해 오던 카네기 델리 매장은 2016년 12월 31일을 마지막으로 문을 닫게 되었다. 미국 전체에서 가장 유명한 델리라는 타이틀을 가졌던 만큼, 뉴욕의 상징적인 델리카트슨 하나가 스러져가는 것에 대해 많은 이들이 아쉬움을 표하고 있다. 카네기 델리의 음식은 온라인 주문이나 일부 오프라인 매장을 통해서 계속 만나볼 수 있다고.

WEB | carnegiedeli.com

PRICE | $$($) WEB | www.2ndavedeli.com ADD | 162 E 33rd Street SUBWAY | 지하철 33 St (6호선)
MENU | Pastrami Sandwich, Twin Double, Blintz KEYWORD | 현금결제, 예약불가, 양 많음, 유대계 델리

2 독일식 가공육을 파는 **전통 식료품점**

1895년 무렵 뉴욕에는 무려 600여 개의 델리카트슨이 존재했고, 그중 상당수가 독일계였다고 한다. 이는 독일식 감자샐러드인 카토펠살라트, 프랑크푸르트 소시지, 프레첼, 햄버거 같은 음식이 뉴욕의 일반인에게 전파·흡수되는 계기가 되었으나, 현재는 대부분 사라지고 1937년 어퍼이스트에 문을 연 **샬러앤베버**Schaller & Weber 정도가 남아 전통을 지키고 있다. 주로 뉴욕의 레스토랑과 식료품점에 직접 가공한 제품을 납품하고 있으며, 매장에서 가벼운 테이크아웃 음식과 소시지를 구입할 수 있다. 테이블은 따로 마련되어 있지 않다. [예산: $8~15]

독일식 정육점인 본 매장에서는 각종 육류와 독일 식료품, 간단한 테이크아웃 샌드위치를 판매한다. 바로 옆에는 간이 식당 샬러앤베버 스투베(Stube)가 있어 즉석에서 구워낸 브라트부어스트(소시지), 루벤샌드위치 등을 $10 미만의 가격에 먹을 수 있다.

PRICE | $ WEB | schallerweber.com ADD | 1654 2nd Avenue SUBWAY | 86 St (4,5,6호선) MENU | 본점 Westsider(샌드위치), Kartoffelsalat(샐러드) 스투베 The Classic (소세지) KEYWORD | 독일계 델리, 소시지 전문점, 예약 불가

3 어디에나 있는 **동네 카페테리아**

뉴욕식 '델리'의 개념에는 조리된 음식을 플라스틱 용기에 직접 골라담는 샐러드바나, 즉석에서 샌드위치나 파스타 같은 음식을 만들어주는 카페테리아도 포함된다. 날씨가 좋지 않아 푸드트럭을 택하기는 난처하고, 레스토랑에 갈 시간이 없을 때 우리의 분식집 같은 개념의 델리가 좋은 대안이다. 유기농 마켓인 '**홀푸드 마켓**' 안에도 식사를 할 수 있는 델리가 있다. [예산: $8~15]

SPECIAL TIP

샐러드바에서 샐러드 잘 담는 요령

종이나 플라스틱 용기에 직접 음식을 골라 담아 계산대로 가져가는 샐러드바에서는 무게를 달아서 가격을 정하는데, 의외로 단가가 높아 자칫 $10를 넘길 수 있다.

무거운 과일이나 달걀, 브로콜리, 오이나 당근은 제외하고, 가볍고 부피가 작은 고급 재료(페타치즈, 아티초크, 버섯, 견과류, 채썬 양상추) 위주로 담는 것이 포인트!

샐러드 보울 주문하기
MIXED GREEN OR BABY SPINACH?

뉴욕에서는 직접 골라 담는 샐러드바 뿐만 아니라 정식 샐러드 코너를 갖춘 델리도 인기다. 커다란 그릇 한가득, 채소와 토핑을 취향껏 조합하는 샐러드 보울은 결코 가볍지 않은 한 끼 식사가 된다. 점원이 만들어 주기 때문일까 훨씬 맛있게 느껴지기도 한다. 그런 가게를 발견했다면 다음처럼 주문해보자.

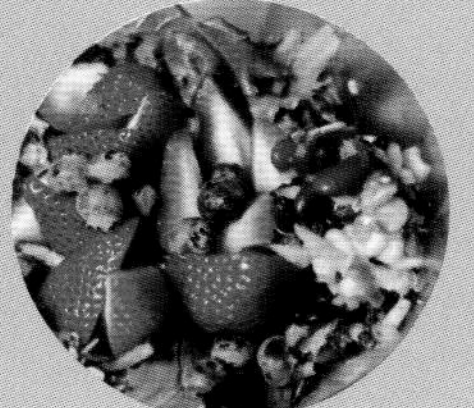

STEP 1 Greenery

푸른 잎 채소를 먼저 고른다. 상추, 로메인, 루콜라 같은 채소가 섞인 **믹스드 그린**(Mixed Green)은 어디에서나 주문이 가능하다.
기호에 따라 **베이비 스피니치**(Baby Spinach: 시금치 잎), **아루굴라** (Argula, 루콜라), **케일** (Kale, 잎이 다소 억센 엽채소) 등을 선택해도 좋다. "Mixed Green, please" 또는 "Baby Spinach"라고 말하면 곧바로 다음 재료를 담을 준비를 한다.

STEP 2 Protein

단백질은 몇 가지를 넣는지에 따라 금액이 달라진다. 손가락으로 짚어가면서 주문해도 되고, 재료 이름만 말해도 된다.
보편적인 재료는 **베이크드 샐먼**(Baked Salmon, 가볍게 구운 연어), **튜나**(Tuna, 참치), **치킨**(Chicken, 주로 닭가슴살 큐브), **에그** (Eggs, 달걀), **토푸**(Tofu, 두부), **페타 치즈**(Feta Cheese, 그리스식 치즈) 등이다.

STEP 3 Toppings

토마토, 오이, 양파, 옥수수, 브로콜리, 아몬드, 올리브 등 눈에 보이는 토핑 몇 가지를 기본으로 넣을 수 있다. 아보카도나 크랜베리 같은 고급 토핑은 비용이 추가되기도 한다.

STEP 4 Dressing

샐러드 소스를 고른다. 뉴욕의 소금 간이 짠 편임을 감안해 "Little bit of _____ dressing, please"라고 요청하는 것이 좋다.
시저(마요네즈가 들어간 크리미한 소스), **블루 치즈**(꼬릿한 블루 치즈가 들어간 흰색 소스), **이탈리안**(식초와 올리브오일이 들어간 투명한 소스), **발사믹 비니거**(새콤한 발사믹 식초) 등이 있다.

STEP 5 계산하기

완성된 샐러드를 받아서 카운터에서 음료와 함께 계산한다. 음식값에 세금은 추가되지만 팁이 없는 것이 델리의 장점이다. Enjoy!

직장인의 점심

스트리트 푸드

Street Food

#푸드트럭 #할랄가이즈 #아이스크림트럭

점심 시간이 가까워지면 사무실이 많은 미드타운의 교차로마다 스트리트 벤더(Street Vendor, 노점상)가 늘어선다. 가장 많이 눈에 띄는 음식은 중동식 할랄푸드와 핫도그. 한 자리에서 고정적으로 서비스하는 업체도 있고, SNS를 이용해 그날의 위치를 공지하는 마케팅을 하기도 한다.

푸드트럭에서 음식을 살 때에는 팁이나 세금 없이 현금으로 결제한 다음, 포장된 음식을 근처 벤치나 공원에서 먹는다. [예산: $6~12]

할랄푸드 HALAL FOOD

할랄푸드Halal Food란 이슬람 율법에 따라 도축하고 가공한 음식을 통칭한다. 뉴욕의 길거리에서 파는 할랄푸드는 피타 브레드나 라이스 위에 닭고기나 양고기, 팔라펠 등을 얹고 샐러드까지 한 그릇에 담아주는 간소한 형태다.

뉴욕에서 가장 유명한 푸드트럭으로 자리 잡은 **할랄가이즈**(Halal Guys, thehalalguys.com)의 성공비결은 신선한 고기와 푸짐한 양, 누구에게나 잘 맞는 특제소스 덕분이다. 미드타운 현대미술관 MoMA 부근의 사거리(53rd Street & 6th Avenue)에서 노란색 티셔츠를 입은 점원들이 쉴 새 없이 고기를 담아내는 모습으로 한눈에 알아볼 수 있다. 오전 10시부터 새벽 4시까지는 MoMA 건너편 코너에서 영업하고, 저녁 7시부터 힐튼호텔 앞에 메인 트럭을 함께 운영한다. 비가 오거나 추운 날씨에는 이스트빌리지의 정식 매장(307 E 14th Street)을 방문하는 것을 고려해 보자.

HOW TO ORDER

할랄푸드 주문하기

기본 형태 선택
밥 위에 재료를 얹어주는 라이스Rice 또는 피타 브레드에 재료를 말아주는 샌드위치 중 하나를 고른다.

속재료 선택
① 치킨(Chicken), ② 지로(Gyro, 소고기), ③ 팔라펠(Falafel: 병아리콩을 완자처럼 튀긴 음식) 세 종류가 있다.

추천 메뉴
믹스드 오버 라이스Mixed over Rice를 선택하면 두 가지 고기와 피타 브레드를 라이스 위에 얹어준다. 흰색 마요 소스는 많이 넣어도 좋지만, 빨간색 핫소스는 무척 맵다.

핫도그 HOT DOG

빵에 소시지를 끼워주는 핫도그는 간편함 때문에 관광객들이 많이 찾는 메뉴. 유명 관광지 앞 핫도그 카트의 적정 가격은 $3~5 사이다. 메트로폴리탄 미술관 앞의 푸드트럭은 퇴역 군인들이 정찰제로 운영하고 있어 믿을 만하고, 5번가의 **할로베를린**(Hallo Berlin, 54th Street & 5th Avenue)에서 비교적 실한 독일식 핫도그를 맛볼 수 있다.

미국에서 가장 유명한 핫도그 프랜차이즈 브랜드는 브루클린의 **네이선스**(Nathan's Famous, www.nathansfamous.com)다. 코니아일랜드 본점에서는 매년 세계 핫도그 먹기대회가 열리고, 미국의 휴게소마다 네이선스가 있을 정도인데 맨해튼에서는 크게 주목 받지 못하고 있다.
젊은 층이 선호하는 브랜드는 이스트빌리지의 **크리프 독스**(Crif Dogs: www.crifdogs.com). 뉴저지의 특산 메뉴인 테일러 햄(Taylor Ham: 돼지고기 롤)을 소시지에 둘둘 말아 구워낸 'Morning Jersey'나 베이컨과 아보카도, 사워크림과 먹는 핫도그 'Chihuahua'처럼 스페셜한 핫도그가 궁금하다면 이곳으로!

멕시칸 MEXICAN

타코taco와 파히타fajita, 살사 소스에 찍어먹는 토르티야 칩Tortilla chips 같은 메뉴를 파는 멕시칸 푸드는 멕시코와 국경이 맞닿아 있는 미국에서 Tex-Mex라 불리며 굉장한 인기를 누린다. 놀리타의 **타콤비**(Tacombi, tacombi.com)는 멕시코에서 구입한 VW Kombi버스(클래식 폴크스바겐 모델)를 개조해 창고형 매장에서 푸드트럭처럼 운영한다. 스트리트 푸드는 아니지만 **치폴레** p.104에서도 간소화된 멕시칸 음식을 먹어볼 수 있다.

한국식 KOREAN

불고기나 제육볶음 같은 한식 주재료를 부리토나 라이스보울에 담아 간소화시킨 **코릴라**(Korilla BBQ, korillabbq.com)는 트위터(@KorillaBBQ)로 장소를 알리고 있으며, 이스트빌리지(23 3rd Avenue)에는 정식 매장을 마련했다. Kimchi Taco, Yogi Korean BBQ, Oppa 등도 간소화된 한식으로 인기를 얻었다.

디저트 DESSERT

팬시한 노란색 카트가 돋보이는 **와플앤딩기스**(Wafels & Dinges, wafelsanddinges.com)에서는 벨기에식 와플과 아이스크림을 판매한다. 로어이스트에 플래그십 카페도 오픈했다. 연노란색 카트의 **밴루웬**(Van Leeuwen Artisan Ice Cream, www.vanleeuwenicecream.com) 아이스크림은 소호에서 자주 볼 수 있고 브루클린과 맨해튼에 정식 매장도 있다. 여름철에는 **과일 스무디 트럭**이 많이 눈에 띄는데, 신선한 과일을 풍성하게 진열해놓은 트럭에서 주문하는 것이 좋다.

가볍게 즐기는

뉴욕의 스낵

Newyork Snack

#랍스터롤 #오후의간식
#치즈옥수수

뉴욕에서는 점심을 가볍게 먹는 편이다. 샌드위치나 샐러드, 조각 피자처럼 빠르고 저렴하게 먹을 수 있는 음식이 보편적이고, 직장에서도 여럿이 어울려 먹기보다는 각자 음식을 준비해 먹는다. 효율성을 추구하는 측면도 있지만, 레스토랑에서 팁까지 챙겨야 하는 뉴욕에서 $10 미만의 점심 식사 장소가 흔치 않기 때문. 출출해지는 오후에 편하게 먹을만한 뉴욕의 스낵을 알아보자.

탱글한 랍스터를 샌드위치로

LUKE'S LOBSTER

랍스터롤 전문점
체인

레몬버터에 볶은 랍스터 살에 특제 시즈닝을 살짝 뿌려, 버터 바른 빵에 끼운 **루크 랍스터**의 랍스터롤은 입에 착 감긴다. 일반 식빵을 사용해 크기는 작은 편이지만 샌드위치에 들어가는 해산물의 양은 0.25파운드(약 110g)로, 제법 실하다.
랍스터롤과 뉴욕의 로컬 소다음료, 감자칩을 묶은 세트메뉴COMBO의 가격은 $20 내외. 새우와 게살을 이용한 슈림프롤이나 크랩롤은 더 싸다. 세 종류의 샌드위치를 모두 맛보고 싶다면 Taste of Main을 주문할 것.
맨해튼 이스트빌리지, 월스트리트 부근 등 여러 곳에 매장이 있고, 타임스스퀘어의 시티키친과 미드타운의 플라자 호텔, 첼시의 겐세보트마켓 같은 푸드홀에도 매장을 가진 뉴욕의 대표적인 캐주얼 랍스터롤 전문점이다.

WHAT'S NEW?

레드훅 랍스터 파운드
WEB | redhooklobster.com
SNS | 트위터 @lobstertruckny
브루클린의 바닷가 레드훅의 랍스터롤 전문점. 맨해튼 시내에서는 푸드트럭 영업으로 인지도를 높여 오다가, 이스트빌리지에 단독 매장을 오픈하고, 푸드홀에도 입점했다. 이러한 캐주얼 랍스터롤 이외에도 뉴욕 대부분의 시푸드 레스토랑과 태번에서는 푸짐한 랍스터롤을 점심 메뉴로 준비하고 있다.

PRICE | $$ WEB | www.lukeslobster.com ADD | 이스트빌리지 93 E 7th street, 스톤스트리트 26 S Williams street

미 전역을 휩쓴 멕시칸 푸드

CHIPOTLE

패스트푸드
체인

유학생들이 가장 그리워하는 음식이라는 말이 있을 만큼 젊은 층에게 인기 높은 **치폴레**는 멕시칸 푸드를 파는 프랜차이즈 브랜드로 미 전역에 1700여 개의 매장을 보유하고 있다. 저렴하고, 빠르게 주문해 먹을 수 있고, 매콤함과 상큼함을 적정선으로 유지해 가격 대비 만족도가 무척 높은 편이다.

WEB | www.chipotle.com

HOW TO ORDER

미리 알고 가면 쉬워요, 치폴레 주문하기

치폴레의 주문방법이 다소 까다로운 이유는 카운터의 점원이 음식을 담는 속도에 맞춰 재료를 일일이 골라야 하기 때문. 매장을 방문하기 전 미리 생각해볼 수 있도록 주문순서와 재료를 상세하게 소개했다. 그래도 선택이 어려운 사람을 위한 추천메뉴는 **보울 → 화이트라이스 → 스테이크 → 블랙빈 → 핫소스 → 치즈 → 콘 → 레터스 → That's all!**

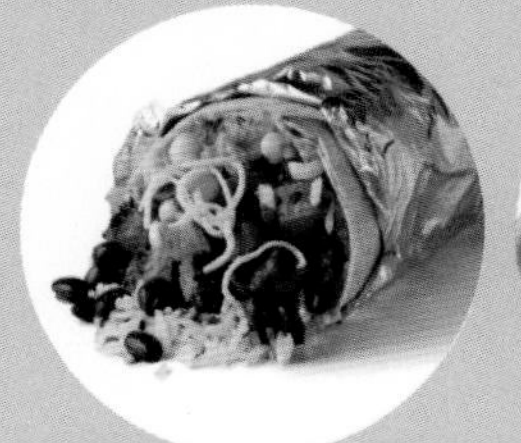

부리또

보울

크리스피 타코

STEP 1 기본 형태 선택 "ONE BOWL WITH WHITE RICE, PLEASE"

차례가 되면 제일 먼저 속재료를 담을 기본 형태를 선택한다.

1. **부리토**Burrito 부드러운 토르티야에 재료를 돌돌 말아서 주는 랩 샌드위치.
2. **보울**Bowl 종이 그릇에 밥을 담고 그 위에 재료를 얹는 스타일. 흰색의 'white rice' 또는 'brown rice' 중 하나를 선택. 실란트로(고수)를 살짝 넣고 볶아서 향이 난다.
3. **타코**Tacos 크리스피 또는 소프트 타코 선택. 별미이지만 다른 메뉴에 비해 양이 적은 편.
4. **샐러드**Salad 종이 그릇에 담아주고 고기 대신 채소 재료가 들어간다.

Photo courtesy of Chipotle(Menu items& © Beth Galton ; Behind the lines © John Johnston)

STEP 2 **콩 선택** "PINTO OR BLACK BEAN?"

여기서부터는 단답형으로 원하는 재료의 이름을 말한다. 핀토는 분홍색의 멕시코 강낭콩으로 다소 맛이 텁텁하게 느껴질 수 있다. 블랙빈은 고소한 맛이 나는 검은색 강낭콩이다. 둘 다 원하지 않으면 'no beans'라고 하면 된다.

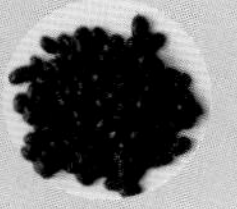

STEP 3 **주재료 선택** "WHAT KIND OF MEAT?"

1. **스테이크**Steak 작은 큐브 모양으로 구워낸 소고기.
2. **카니타스**Carnitas 삶아서 손으로 잘게 찢은 돼지고기.
3. **치킨**Chicken 작은 큐브 모양으로 구워낸 닭고기.
4. **바바코아**Barbacoa 손으로 잘게 찢고, 삶은 다음 그릴 향을 낸 소고기.
5. **소프리타스**Sofritas 멕시코 고추(포블라노) 등을 넣고 잘게 다진 두부. '토푸'라고 하면 알아듣는다.

STEP 4 **토핑 선택** "SAUCE?"

담아주는 속도에 맞춰 토핑을 하나씩 불러준다. 다 넣어도 되지만 적당히 넣는 것이 맛있다.

1. **살사**Salsa 토마토와 양파를 다져넣은 살사소스는 보통 셋 중에 하나를 고른다.
   - 토마토가 아삭하게 씹히는 맵지 않은 마일드mild 살사
   - 붉은 칠리를 넣어 소스로 만든 매운 핫hot 살사
   - 그린 칠리가 들어가 조금 매운 미디엄medium 살사
2. **파히타 베지**Fajita Veggies 피망, 양파 등의 채소를 다져 볶은 것.
3. **사워크림**Sour Cream 새콤한 맛의 흰색 크림.
4. **콘**Corn 포블라노 고추, 양파, 옥수수 알갱이 등을 넣어 볶은 것.
5. **레터스**lettus 생 양상추를 잘게 썬 것.
6. **과카몰레**Guacamole 아보카도에 양념을 넣어만든 부드러운 맛의 소스. 선택하면 비용이 추가된다.
7. **치즈**Cheese 채썬 모차렐라 치즈.

STEP 5 **계산하기** "ANYTHING ELSE?"

주문이 끝나면 서버가 곧바로 음식을 카운터에 넘겨준다. 음료수나 나초칩Chips, 따로 담아주는 과카몰레 등 추가할 것이 없는지 확인하고, 계산하면 끝.

출출한 오후의 스몰 푸드 BEST 4

카페하바나의 **그릴드 콘**

CAFÉ HABANA $8 @ 놀리타(소호)

WEB www.cafehabana.com ADD 17 Prince Street

그릴에 구운 옥수수에 특제 소스와 치즈를 뿌린 중독성 있는 맛의 멕시칸 옥수수로 유명한 작은 쿠바/멕시칸 식당이다. 바로 옆에 있는 테이크아웃 코너와는 미묘한 맛의 차이가 있다. 아주 붐비는 식사 시간이 아니라면 바 섹션에서 옥수수만 먹고 나와도 된다. 소호에서 쇼핑하다가 출출해졌을 때 방문하면 제격.

크레이퍼리의 **크레이프**

CREPERIE $8 @ 로어이스트

WEB www.creperienyc.com ADD 로어이스트 135 Ludlow Street • 그리니치빌리지 112 Macdougal St

얇게 부쳐낸 밀가루 반죽에 맛있는 재료를 넣어 돌돌 말아먹는 프랑스의 간식 크레페 (미국식 발음으로는 크레이프)는 달콤하게 먹으면 기분 좋은 디저트, 짭짤한 재료를 넣어 먹으면 간편한 식사가 된다. 노란색 매장이 눈에 띄는 **크레이퍼리**는 끊임없이 새로운 메뉴를 개발하고 있어 흥미를 자극하는 작고 귀여운 가게다. 첼시마켓의 **바 수제트** 역시 저렴한 크레이프 전문점이다.

폼므 프리츠의 **레귤러 프라이**

POMMES FRITES $5 @ 그리니치빌리지

WEB | www.pommesfritesnyc.com ADD | 128 McDougal Street

즉석에서 튀겨낸 따끈하고 두툼한 벨기에식 감자튀김을 여러 가지 소스에 찍어먹는 재미! 독특한 맛으로 조합한 20여 가지 특제(유료) 소스도 있고, 기본적인 케첩, 머스터드, 타바스코, 마요 등은 무료다.

미트볼숍의 스파이시 포크 **미트볼**

MEATBALL SHOP $9 @ 로어이스트(본점)

WEB | www.themeatballshop.com ADD | 84 Stanton Street

재료와 소스를 취향대로 조합해 먹는 맞춤형 미트볼 전문점. 테이크아웃용Packaged Goods을 선택하면 미트볼 네 개와 치즈, 포카치아 빵을 종이박스에 담아준다. 빈티지한 인테리어와 로고 디자인으로 전통 레스토랑처럼 보이지만, 프랜차이즈 운영을 목적으로 창업한 기획 레스토랑이다. 브런치 메뉴와 칵테일바, 아이스크림 샌드위치가 주요 메뉴.

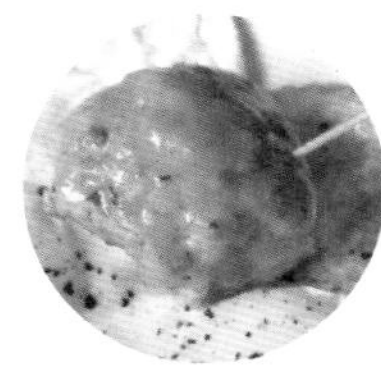

인기 맛집이
한 곳에 모였다

뉴욕 푸드홀

Food Hall Best 7

#푸드코트 #첼시마켓
#골라먹는재미

1 뉴욕을 대표하는 푸드홀
Chelsea Market

2 떠나는 설렘, 먹는 즐거움
Grand Central

3 5번가의 랜드마크,
The Plaza

4 뉴욕 속 이탈리아 여행,
Eataly

5 허드슨 강변의 럭셔리 푸드홀,
Brookfield & Westfeld

6 타임스스퀘어에서 가까운
City Kitchen

7 브루클린 다리 아래, 낭만적인
Fulton Market

Photo courtesy of Westfield WTC P.126

뉴욕을 대표하는 푸드홀

첼시마켓

CHELSEA MARKET

낡은 벽돌 건물에 트렌디한 뉴욕 로컬 브랜드를 모아 놓은 첼시마켓은 뉴욕에서 가장 유명한 푸드홀이다. 수십 종의 음식과 식료품, 기념품을 팔고 있어 내부를 구경하다 보면 시간 가는 줄 모른다. 오레오 과자로 유명한 내셔널비스킷컴퍼니 NABISCO (National Biscuit Company) 건물로 사용했던 흔적이 남아 있는 마켓 안에는 쿠키를 그려 넣은 벽화도 있고, 공장의 역사를 설명해놓은 전시관도 한쪽 구석에 마련되어 있어 뉴욕의 옛 정취와 현재가 공존한다. 연간 600만 명이 방문하는 첼시마켓은 바로 옆의 하이라인Highline 공원과 더불어 뉴욕의 옛 자산을 성공적으로 리모델링해 미트패킹과 첼시 지역을 활력 넘치는 문화 중심지로 변모시킨 주역으로 손꼽힌다.

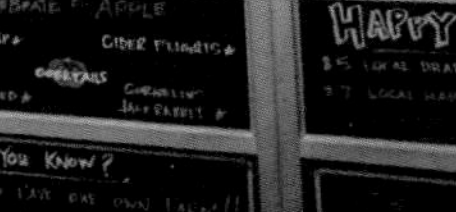

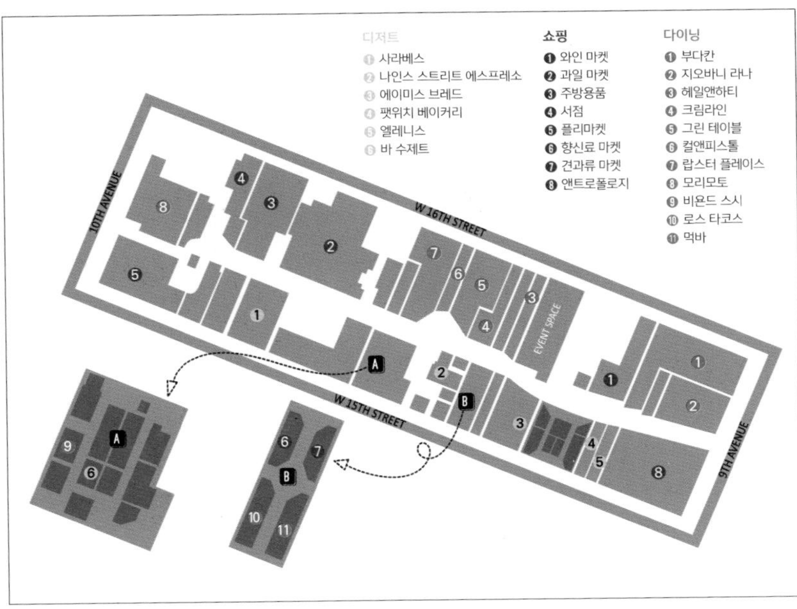

SINCE | 1997 OPEN | 매일 평일 07:00~21:00, 주말 08:00~20:00 WEB | chelseamarket.com ADD | 75 9th Avenue
SUBWAY | 지하철 14 St (A, C, E, 1, 2, 3호선) SHOPS | 랍스터 플레이스, 사라베스 베이커리, 팻 위치 베이커리 외 50여 매장
KEYWORD | 뉴욕 대표 푸드홀, 첼시마켓, 하이라인파크

첼시마켓 A to Z

DINING

● **BEYOND SUSHI 비욘드 스시** [스시] 캘리포니아 롤 전문점. 본점은 그래머시에 있다.

● **BUON ITALIA 본 이탈리아** [이탈리안] 간단한 요리와 젤라토를 파는 이탈리안 식료품점

● **CREAMLINE 크림라인** [아메리칸] 뉴욕 로컬 식재료를 활용한 수제버거, 버펄로 샌드위치, 비스킷을 맛보자. 유제품으로 유명한 로니브룩 농장의 아이스크림도 있다. 바로 옆 정육점 딕슨스 팜스탠드 농장의 핫도그도 인기 메뉴.

● **CHELSEA THAI 첼시 타이** [타이] 팟타이 등의 누들 요리와 태국 식자재.

● **CULL & PISTOL 컬앤피스톨** [시푸드] 오이스터바와 시푸드 메뉴. p.165

● **GIOVANNI RANA 지오바니 라나** [이탈리안] 생면 파스타 등의 이탈리안 식재료와 테이크아웃 파스타 전문점. 안쪽으로는 모던 이탈리안 퀴진을 표방하는 레스토랑 Pastificio와 연결되어 있다.

● **GREEN TABLE 그린 테이블** [아메리칸] 이름처럼 녹색 테이블이 놓인 작고 예쁜 레스토랑. 브런치와 맥앤치즈, 버거를 파는 팜투테이블 컨셉트

● **HALE AND HEARTY 헤일앤하티** [수프] 다양한 수프를 파는 수프 전문점 (체인)

● **LOS TACOS 로스 타코스** [멕시칸] 타코, 케사디야를 파는 멕시칸 스낵 전문점

● **LOBSTER PLACE 랍스터 플레이스** [시푸드마켓] 첼시마켓을 유명하게 만든 대표적인 매장. 랍스터를 테이크아웃용으로 판매해 단가를 낮췄다. 생선 매대를 지나 맨 안쪽으로 들어가면 전용 카운터가 나온다. 랍스터를 고르면 즉석에서 찌거나Steamed 그릴Grilled해 준다. 랍스터롤이나 랍스터비스크, 스시카운터의 오마카세, 싱싱한 성게알Sea urchin 등 먹거리가 풍부하다.

● **MOKBAR 먹바** [코리안] 한국의 포장마차를 재현한 스낵 코너. 라면과 떡볶이, 쫄면, 파전과 소주까지, 반가운 메뉴를 갖췄다.

● **NUM PANG 눔팡** [샌드위치] 캄보디안 샌드위치

COFFEE & DESSERTS

● **AMY'S BREAD 에이미스 브레드** [빵] 첼시마켓 오픈 때부터 자리를 지켜온 베이커리. p.57

● **BAR SUZETTE 바 수제트** [크레페] 과일이나 누텔라잼과 함께 먹는 프랑스식 크레이프.

● **ELENI'S 엘레니스** [쿠키] 화려한 아이싱을 올린 쿠키와 컵케이크 전문점. 뉴욕의 다양한 아이콘을 예쁜 쿠키로 담아낸 박스는 선물용으로 적합하다.

● **FAT WITCH BAKERY 팻 위치 베이커리** [브라우니] 10여 가지의 브라우니를 맛별로 다른 색 라벨로 포장해 파는 브라우니 전문점. 가장 기본적인 맛의 Fat Witch Original과 붉은색의 Red Witch, 호두가 들어간 Walnut Witch 등이 주력 상품. 큰 브라우니를 위치Witch, 작은 브라우니를 위치 베이비스 Witch Babies로 부른다.

● **NINTH STREET ESPRESSO 나인스 스트리트 에스프레소** [커피] 첼시마켓 통로 중간에 있는 작은 커피 전문점. 메뉴는 에스프레소, 에스프레소 위드 밀크, 아메리카노, 아이스 아메리카노 네 가지뿐이지만 향이 깊고 맛이 좋아 언제나 손님이 많다. 우유가 들어가 부드러운 '에스프레소 위드 밀크'가 대표 메뉴. 컵 사이즈를 선택해 농도를 지정할 수 있다. p.180

● **SARABETH'S 사라베스** [잼, 빵] 브런치로 유명한 사라베스의 베이커리. 베이킹하는 장면을 유리창 너머로 볼 수 있으며, 잼과 비스킷, 머핀류를 판매한다. p.66

SHOPS

● **ANTHROPOLOGY 앤트로폴로지** [의류]

● **ARTISTS&FLEA 아티스트&플리** [상설 플리마켓]

● **BOWERY KITCHEN SUPPLY 바워리 키친** [주방용품]

● **CHELSEA MARKET BASKETS 마켓 바스켓** [선물용 디저트]

● **CHELSEA WINE VAULT 첼시 와인볼트** [와인]

● **MANHATTAN FRUIT EXCHANGE 맨해튼 프루트** [과일마켓]

● **NUTBOX 넛박스** [견과류]

● **POSMAN BOOKS 포스만 북스** [서점]

● **SPICE AND TEASE 스파이스앤티즈** [향신료]

1 뉴요커의 파티 장소 BUDDAKAN NYC @ 첼시

부다칸의 입구를 지나면 중국풍 문양이 신비로운 라운지가 나온다. 지하 홀로 이어지는 계단을 내려갈 때 아름다운 샹들리에와 길게 이어진 테이블이 눈길을 사로잡는다. 바로 영화 섹스앤더시티에서 캐리와 빅의 웨딩 리허설 장면을 촬영해 유명해진 메인 홀이다. 시크하고 힙한 드레스코드를 강조한다.

PRICE | $$$ OPEN | Dinner 매일 17:30~늦게까지 WEB | www.buddakannyc.com STYLE | 퓨전중식 SUBWAY | 9th Avenue 방향의 별도 출입구 MENU | dimsum(edamame dumplings), lobster chow fun KEYWORD | 예약 권장, 핫플레이스, 섹스앤더시티 파티 장소, 드레스코드

2 아이언셰프의 레스토랑 MORIMOTO @ 첼시

모리모토는 TV 서바이벌 프로그램 아이언셰프의 우승자 모리모토 마사하루 셰프의 플래그십 레스토랑이다. 맛과 서비스는 정통 일식을 추구하며 세련되고 화려한 내부 인테리어로 트렌드세터들의 평가가 좋다.

PRICE | $$$$ OPEN | Lunch 평일에만 12:00~14:00, Dinner 매일 17:30~22:00 WEB | www.morimotonyc.com SUBWAY | 9th Avenue 방향의 별도 출입구 MENU | 일식 Lunch Set ($20~30), Yellowtail Bop(방어덮밥), unagi don(장어덮밥)
KEYWORD | 예약 권장, 방송 맛집, 모리모토 셰프, 핫플레이스, 드레스코드

WHAT'S NEW?

첼시마켓 옆 빈티지 푸드홀 Gansevoort Market

휘트니 미술관 옆에서 첼시마켓 옆으로 이전해 온 **갠세보트 마켓**. 낡은 창고형 건물 안에 푸드트럭 규모의 매장을 '재래시장'처럼 들쭉날쭉 배치했고, 즉석에서 만들어주는 가벼운 식사와 디저트류가 많다. 첼시마켓에 사람이 지나치게 많은 날 방문하기에 적당하다. 입점업체는 루크랍스터, 빅게이아이스크림, 도넛프로젝트, 미트볼가이즈, 모젤라토 외 다수.

SINCE | 2015 ADD | 353 W 14th Street WEB | www.gansmarket.com

떠나는 설렘, 먹는 즐거움

그랜드 센트럴

GRAND CENTRAL

뉴욕 철도 교통의 중심인 그랜드센트럴터미널은 1903년 지어진 웅장한 석조 건물이다. 승강장 숫자가 전 세계에서 가장 많은 기차역이며, 5개 지하철 노선의 환승역으로 연간 이용객이 1억 명 이상이다. 평소 유동인구가 많고 뉴욕여행에서 빠지지 않는 명소이다 보니 입점업체만 해도 100여 개에 달한다.

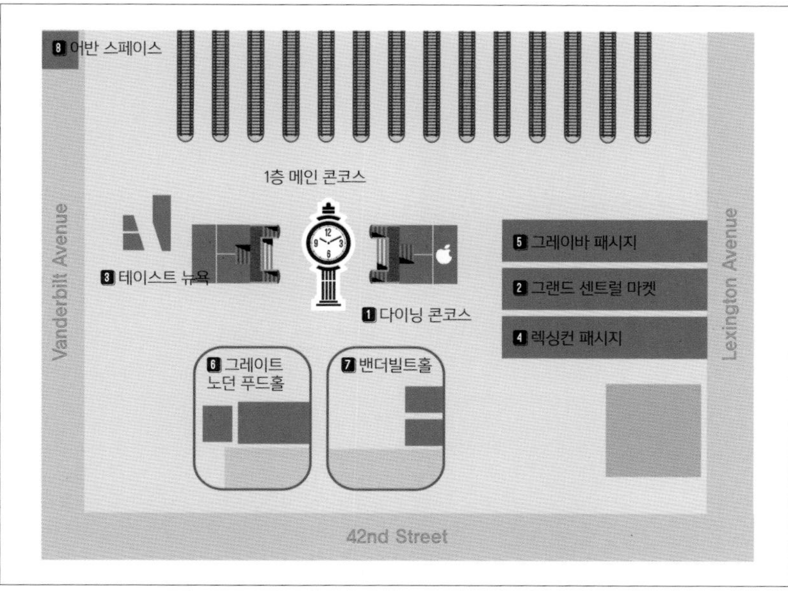

WEB | www.grandcentralterminal.com/store ADD | 89 E 42nd Steet SUBWAY | 지하철 14 St (A, C, E, 1, 2, 3호선)
SHOPS | 다이닝 콘코스, 오이스터바, 밴더빌트홀
KEYWORD | Since 1913, 웅장한 기차역, 아침부터 갈 수 있는곳

그랜드센트럴 A to Z

그랜드센트럴 터미널에서 가장 중요한 푸드홀은 지하의 **1 Dining Concourse 다이닝 콘코스** (월~토요일 07:00~21:00, 일요일 11:00~18:00). 시계탑이 있는 메인 콘코스에서 애플스토어 아래편의 계단으로 내려가면 나오는 아치형 천장이 아름다운 지하 광장이다. 1층에는 퇴근길에 간단하게 장을 볼 수 있는 그로서리 마켓인 **2 Grand Central Market 그랜드센트럴 마켓** (평일 07:00~21:00, 토요일 10:00~19:00, 일요일 11:00~18:00)과 크래프트 비어, 시럽, 와인, 치즈 같은 뉴욕 로컬 제품을 판매하는 식료품점 **3 Taste NY 테이스트뉴욕**이 있고, 렉싱턴 애비뉴 방향의 통로에는 **4 Lexington Passage 렉싱턴 패시지**와 **5 Graybar Passage 그레이바 패시지**가 있다. 식음료 업체와 Origins, Diptique, Jo Malone과 같은 고급 화장품 매장이 들어섰다. 메인 콘코스가 내려다 보이는 발코니 레벨 동쪽에는 애플스토어가, 서쪽에는 고급 파인다이닝 레스토랑 Cipriani Dolci, 마이클 조던의 스테이크 하우스가 자리 잡고 있다.

DINING

- **JUNIORS** ① **주니어스** [레스토랑] 치즈케이크로 유명한 패밀리 레스토랑. p.186

- **OYSTER BAR** ① **오이스터바** [시푸드] 그랜드 센트럴 터미널과 역사를 함께 하는 유명 레스토랑 p.162

- **PESCATORE SEAFOOD** ② [시푸드] 랍스터, 게살 등이 들어간 가벼운 샌드위치롤.

- **SHAKE SHACK** ① **쉐이크쉑 버거** [버거] 플랫아이언이 본점. p.79

COFFEE & DESSERTS

- **IRVING FARM COFFEE** ① **어빙팜 커피** [카페] 마니아층을 확보한 뉴욕의 커피브랜드.

- **JACQUE TORRES CHOCOLATE** ④ **자크토레스 초콜릿** [초콜릿] 스타 셰프 토레스의 예쁜 초콜릿 매장. 지하 ① 에는 아이스크림을 전문으로 파는 부스가 있다. p.194

- **MAGNOLIA BAKERY 매그놀리아 베이커리** [컵케이크] 그리니치빌리지가 본점. p.191

- **CAFÉ GRUMPY** ④ **카페 그럼피** [카페] 브루클린의 스페셜티 커피 브랜드. p.179

- **JOE COFFEE** ⑤ **조커피** [카페]

- **LI-LAC CHOCOLATES** ② **라일락 초콜릿** [초콜릿] 뉴욕에서 가장 오래된 쇼콜라티에.

SHOPS

- **MURRAY'S CHEESE** ② **머레이스 치즈** [치즈숍]

- **SPICES AND TEASE** ② **스파이스앤티즈** [향신료]

- **TASTE NY** ③ **테이스트 뉴욕** [식료품]

WHAT'S NEW?

가장 최근에 문을 연 **6 그레이트노던 푸드홀 Great Northern Food Hall**(평일 06:00~22:00, 주말 08:00~21:00)은 겨울 시즌 홀리데이 마켓 장소로 사용하던 **7 밴더빌트 홀**의 일부를 상설 푸드홀로 리뉴얼했다. 덴마크 중심의 북유럽 음식을 테마로 하여 커피와 베이커리, 샐러드, 샌드위치 부스를 점차 확장해나갈 계획이라고. **8 어반스페이스밴더빌트 푸드홀**(평일 06:30~21:00, 주말 09:00~17:00)에는 레드훅 랍스터(랍스터롤), 토비스 이스테이트(커피), 바수제트(크레이프), 도우(도넛) 등 유명 브랜드가 새롭게 오픈해 주변 직장인과 미드타운을 지나는 관광객들에게 큰 호응을 얻고 있다. 그랜드 센트럴 터미널 밖으로 나와 밴더빌트 애비뉴와 46th Street가 만나는 지점에 있다.

5번가의 랜드마크

플라자 호텔

THE PLAZA

센트럴파크와 뉴욕 5번가 코너의 네모 반듯하고 고풍스러운 호텔, 더 플라자. 1907년 건축되었으며 뉴욕 UN 총회의 회의 장소와 귀빈 숙소로도 사용될 정도의 시설을 갖춘 최고급 호텔이다. 지하에는 뉴욕의 유명 레스토랑과 디저트 가게를 모은 합리적인 가격의 푸드홀이 있다. 하이엔드 부티크 매장이 많은 5번가에서 언제든지 편하게 방문할 수 있는 장소다.

WEB | www.theplazany.com/dining/foodhall ADD | 5th Avenue at Central Park South SUBWAY | 지하철 5 Av/59 St (N, R, W호선) SHOPS | **루크 랍스터, 토드 잉글리시 푸드홀, 뺑드아비뇽** KEYWORD | 나 홀로 집에 촬영지, 최고급 호텔의 아름다운 푸드홀, 선물가게

TODD ENGLISH FOOD HALL

OPEN | 매일 11:00~22:00 (클래식 버거 $18, 크랩케이크 샌드위치 $29, 파스타 $24), 해피아워 평일 17:00~19:00 (하나에 $1짜리 오이스터, 스페셜 칵테일), 주말 브런치 11:30~16:00 (샐먼베네딕트 $26, 브런치 플랫브레드 $24 등)

지중해 요리로 유명한 셰프 **토드 잉글리시**가 기획한 푸드홀 컨셉트의 레스토랑이다. 오이스터바와 라멘, 스시바, 와인바, 이탈리안 파스타를 파는 섹션이 있고, 가격은 플라자 푸드홀에 비해 높다.

THE PLAZA FOOD HALL

OPEN | 매일 11:00~20:00 (일요일은 18:00에 마감)

백화점 지하 식품관과 비슷하면서도 호텔의 고급스러운 분위기가 녹아 있는 **플라자 푸드홀**. 원하는 브랜드의 메뉴를 테이크아웃해서 푸드홀 내에 배치된 테이블에서 먹으면 된다.

푸드홀 찾아가는 법 5번가 방향의 호텔 정문보다는 센트럴파크 쪽이나 58th Street의 입구를 통해 들어가는 것이 편리하다. 에스컬레이터를 타고 지하로 내려가면 바로 나오는 푸드홀은 더 플라자 섹션과 토드 잉글리시 섹션으로 나뉜다

DINING

• ÉPICERIE BOULUD 에피세리블뤼 [샌드위치] 뉴욕의 스타 셰프 다니엘 블뤼의 캐주얼 프렌치 베이커리 에피세리 블뤼를 더욱 간소화시켜 푸드홀에 문을 열었다. 샌드위치 반 조각에 수프 하나로 구성된 식사가 $10로 가격 면에서는 괜찮은 구성이다.

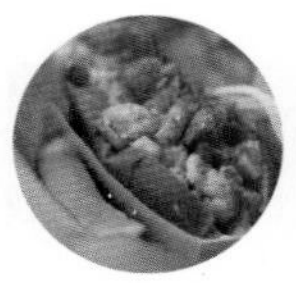

• LUKE'S LOBSTER 루크 랍스터 [랍스터롤] 뉴욕에서 가장 인기 높은 랍스터롤 체인점. p.103

• NO.7 SUB 넘버세븐 서브 [샌드위치] 푸드홀 중앙 타르티너리 바로 옆자리의 샌드위치 가게. 플랫아이언에 본점이 있으며 대표 메뉴는 브로콜리 클래식과 호박 샌드위치Zucchini Parm.

• TARTINERY 타르티너리 [샌드위치] 본점은 놀리타(소호)에 있으며 플라자 호텔 푸드홀과 허드슨이츠 푸드홀에서 각각 매장을 운영 중. 오전과 주말에는 가벼운 아침 식사 메뉴, 평소에는 식사 메뉴를 판다. 바 형태로 된 자리에서 와인과 치즈 플래터를 주문할 수도 있다.

• ORA DI PASTA 오라디파스타 [파스타] 생면 파스타 종류와 원하는 소스를 골라서 즉석에서 요리해준다. 기본 소스를 선택하면 $12, 토핑에 따라 가격이 달라진다.

• PAIN D'AVIGNON 팽드아비뇽 [베이커리] 매사추세츠 주의 Cape Cod에서 1992년 오픈한 베이커리다. 여러 레스토랑과 호텔에 납품을 하는 실력파 베이커리. 이곳의 주 메뉴는 '빵'이지만 여행자 입장에서 간단한 식사류를 주문하기에도 좋다. 커피는 스텀프타운, 연어는 러스앤도터스, 치즈는 삭젤비 치즈를 사용한다.

• PIZZA ROLLIO 피자 롤리오 [피자] 쿠스미 티 뒤쪽의 숨은 공간에 최근 오픈한 피자 전문점으로 플라자 호텔에만 매장이 있다. 돌돌 말리는 얇은 피자가 주력 메뉴. 신선한 재료와 가정식 컨셉트로 좋은 평가를 받고 있으나 가격은 약간 비싼 편. 피자 half $12, full $22

• CHI DUMPLING & NOODLES 치덤플링앤누들 [아시안] 베트남식 쌀국수와 중국식 딤섬, 완탕 수프 등을 파는 곳. 맛은 평범하다. 쌀쌀한 계절에 따끈한 국물이 생각난다면 가볼 만한 곳이다.

COFFEE & DESSERTS

● **BILLY'S BAKERY 빌리스 베이커리** [컵케이크] 첼시에 본점이 있는 컵케이크 전문점. 맛은 본점에 다소 못 미친다는 평가. 당근 케이크와 레드벨벳 등이 대표 메뉴.

● **FRANCOIS PAYARD 프랑수아 페이야드** [파티세리] 그리니치빌리지와 첼시점에서는 가벼운 식사류도 판매하지만 이곳에서는 예쁜 페이스트리류와 마카롱, 선물용 제품이 주력이다. 국내 신세계백화점에도 도입된 브랜드.

● **KUSMI TEA 쿠스미 티** [티] 알록달록한 미니틴이 사랑스러운 프랑스의 쿠스미 티. 선물용으로 제격이다.

● **LADY M 레이디 엠** [케이크] 호텔 후문에서 에스컬레이터를 타고 지하로 내려가면 원형의 크레이프 케이크 모양을 하고 있는 레이디 엠의 매대가 제일 먼저 눈에 띈다. 하루 판매 수량이 정해져 있어 품질관리가 매우 잘 되고 있는 편으로, 오후 늦게 가면 원하는 케이크가 품절될 수 있다. 어퍼이스트에 본점이 있다. p.201

● **WILLIAM GREENBERG DESSERTS 윌리엄그린버그 디저트** [쿠키] 1940년대부터 다양한 쿠키로 명성을 쌓았다. 블랙앤화이트 쿠키가 유명하고 레몬 케이크도 맛있다. 핑크색 램프가 눈에 확 띄는 디저트 가게. 본점은 메트로폴리탄 미술관에서 한 블록 떨어져 있다.

● **YOART 요아트** [요거트] 12가지 맛의 요거트 아이스크림이나 젤라토를 컵에 담고, 90여 가지 토핑을 추가해 무게를 재는 방식.

뉴욕 속 이탈리아 여행

이탈리

EATALY

이탈리아의 토리노 지역에서 탄생한 브랜드 이탈리는 한 장소에서 식료품 쇼핑과 식사, 달콤한 디저트와 와인까지 한꺼번에 즐길 수 있도록 한 그로서란트Grocerant 푸드홀이다. 발음이 같은 Eat와 Italy를 조합해 '음식' 하면 '이탈리아'를 연상케 하는 이름대로, 이곳에서 판매하는 제품과 식재료의 대부분을 이탈리아에서 들여온다. 작은 마을의 장인들이 전통적인 방식으로 생산하는 치즈, 와인, 올리브유, 커피 등의 지역 특산품을 전 세계에 알리는 통로가 된 것. 특히 뉴욕에서는 스타 셰프 마리오 바탈리p.144와 창업자 오스카 파리네티Oscar Farinetti의 협업으로 2010년 오픈 당시부터 화제를 모았다. 2016년 여름, 로어 맨해튼의 월드트레이드센터 4에도 새 매장을 오픈 했다.

OPEN 카페 라 바짜 매일 07:00~23:00 이탈리 마켓 매일 09:00~23:00 레스토랑 매일 11:00~22:00 **WEB** www.eataly.com **ADD** 200 Fifth Avenue **SUBWAY** 23 St (N, R호선) **MENU** 누텔라바, 라 바짜, 라 피아차
KEYWORD 마리오 바탈리, 이탈리아 장인, 플랫아이언 빌딩

이탈리 A to Z

이탈리아의 소도시 광장을 모티브로 삼은 플랫아이언의 이탈리는 밝은 색상의 인테리어와 조명이 산뜻하다. 마켓 섹션과, 다이닝 섹션, 카페 섹션을 돌아보는 동안 이탈리아를 여행하는 듯한 기분을 내도록 기획했다.

MARKET

품질 좋은 이탈리안 제품을 판매하는 섹션

- **BAKERY** 이탈리에서 가져온 효모(이스트)로 숙성시킨 빵을 장작 오븐에서 구워낸다.
- **MOZZARELLA** 매일 만드는 신선한 생 모차렐라, 부라타 치즈.
- **PASTRY** 이탈리안 디저트Dolci가 먹음직스러운 페이스트리 코너.
- **BEAUTY** 엑스트라버진 올리브오일, 사과, 꿀 같은 천연재료를 이용해 만든 미용제품도 갖췄다.
- **BEER** 루프탑에 있는 비어가든La Bierria과 동일한 이탈리아 및 미국 맥주를 판다.
- **BOOKS & HOUSEWARES** 요리와 뉴욕에 관한 서적과 이탈리안 주방용품 코너.

CASUAL DINING

캐주얼 다이닝 섹션. 자리는 방문순으로 배정하며 예약을 받지 않는다.

- **IL PESCE** 레스토랑 Esca의 David Pasternak 셰프의 신선한 해산물 요리.

- **LA PIAZZA** 이탈리아 소도시에는 동네 사람이 모여드는 중심 광장인 피아차가 있다. 라 피아차는 바로 이런 광장문화를 뉴욕에 재현한 이탈리의 핵심 섹션이다. 실제로 매장 중심부에 스탠딩 테이블을 배치했고, 각 코너에서 파는 음식과 와인을 즐기도록 했다.

- **LA PIZZA & LA PASTA** 나폴리 피자와 알덴테 파스타 전문 레스토랑이다. 나폴리의 유명 피자 브랜드 Rossopomodoro 출신의 전문 피자메이커pizzaioli가 크리미한 모차렐라와 달콤한 산마르자노 토마토가 들어간 피자를 만든다. 당일 자가제면한 생면 파스타와 반건조한 이탈리아 캄파니아산 파스타를 사용하는 La Pasta 섹션에서는 파스타를 언제나 알덴테 상태로 요리한다.

- **LE VERDURE** 베지테리언에게 알맞은 계절 채소 요리 전문점.

RESTAURANTS & BAR

예약 가능한 정식 레스토랑

- **LA BIERRIA** 전망이 좋은 루프톱을 방문해보고 싶다면 이탈리 맨 위층으로 올라가면 된다. 통유리 천장 사이로 엠파이어 스테이트 빌딩과 매디슨스퀘어파크의 시계탑, 플랫아이언 빌딩 꼭대기도 보인다.

- **MANZO** 이탈리안 파인다이닝 레스토랑. 미국에서 사육한 이탈리아 품종의 소나 돼지고기를 사용한다.

COFFEE & DESSERTS

- **CAFÉ VERGANO** 이탈리아 토리노 언덕 기슭의 작은 마을 키에리Chieri의 베르가노 가문이 생산하는 130년 전통의 커피 브랜드.

- **IL GELATO** 시칠리아산의 고급 피스타치오, 피에몬테산 헤이즐넛, 토리노의 고급 초콜릿 브랜드 벵키Venchi를 사용한 이탈리안 젤라토 & 소르베 코너.

- **LA VAZZA** 이탈리아 커피 120년 역사를 가진 세계적인 이탈리아 에스프레소 브랜드. 국내에도 팬이 많다. 전통적인 이탈리안 아침 식사colazione italiana, 오후의 가벼운 스낵, 식사류까지 판매한다. 이탈리 입구에 있으며, 마켓보다 이른 시간에 문을 연다.

- **NUTELLA BAR** 이탈리에서 가장 유명한 누텔라 바. 크레페, 와플, 젤라토, 페이스트리류, 과일과 함께 즐긴다.

허드슨 강변의 럭셔리 푸드홀

브룩필드 & 웨스트필드

BROOKFIELD PLACE & WESTFIELD WTC

월드트레이드센터(WTC)의 완공과 더불어 로어 맨해튼 지역은 끊임없이 변화하고 있다. 허드슨 강변 쪽의 브룩필드 플레이스는 최고급 명품 매장과 삭스 피프스 애비뉴 백화점의 분관을 유치했고, 1층과 2층에는 대규모의 푸드홀을 갖췄다. 11개 지하철 노선을 연결하는 교통 허브 '오큘러스Oculus' 지하도를 통해 연결된 웨스트필드 월드트레이드센터 몰에는 뉴욕 이탈리 2호점이 들어서면서 다운타운의 핵심 명소로 떠올랐다.

WEB | brookfieldplaceny.com I www.westfieldny.com
ADD | Liberty Street SUBWAY | 지하철 WTC (E호선) 또는 Cortlandt St (R, W호선) KEYWORD | 월드트레이드센터, 허드슨강변 산책로, 최신 쇼핑몰

Le District **@ 브룩필드 플레이스 1층**

르 디스트릭트는 '뉴욕 속의 파리'를 컨셉트로 하는 푸드홀이다. 각 섹션은 샐러드바, 아이스크림바, 와인바, 에스프레소바, 베이커리, 치즈숍, 그로서리로 구분되어 있다.

Hudson Eats **@ 브룩필드 플레이스 2층**

에스컬레이터를 타고 2층으로 올라가면 유명 레스토랑 브랜드의 아웃포스트를 모아 놓은 **허드슨이츠**가 나온다. 캐주얼 스시바인 블루리본, 스프링클스 컵케이크, 우마미 버거 등이 대표적이다.

Eataly NYC Downtown
@ 4 WTC 3층

월드트레이드센터 전망대와 911 메모리얼을 방문하는 뉴욕 여행자들에게 큰 호응을 얻고 있는 **이탈리**의 뉴욕 2호점. 화려한 라인업을 갖춰나가고 있는 웨스트필드 WTC몰의 구심점 역할을 하는 이탈리안 푸드홀이다.

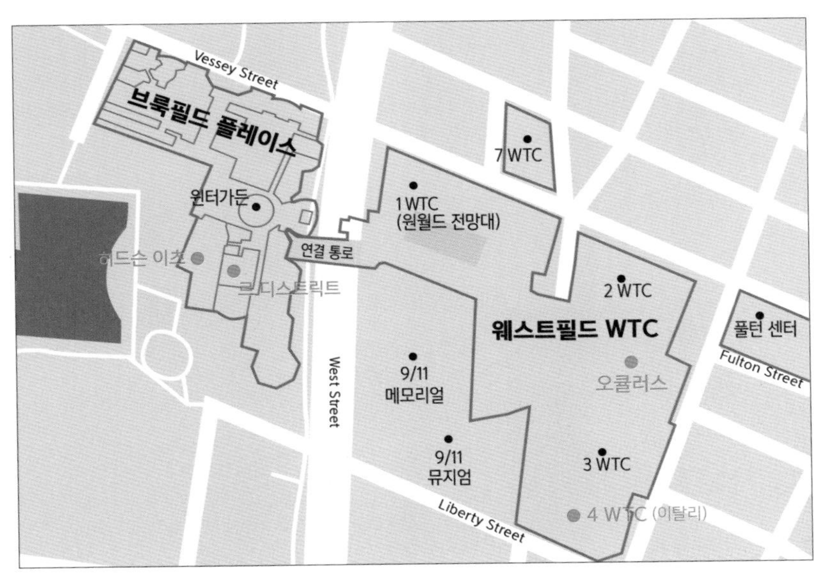

Photo courtesy of Eataly NYC Downtown

타임스스퀘어에서 가까운

시티 키친

CITY KITCHEN

다른 곳에 비해 작은 규모의 시티 키친을 유명하게 한 요인은 탁월한 로케이션이다. 관광객으로 붐비는 고가의 패밀리 레스토랑과 패스트푸드점을 제외하고는 간편하게 식사할 장소가 부족했던 타임스스퀘어 부근에 뉴욕의 로컬 브랜드 업체를 모아 알찬 푸드홀을 만든 것. 2층의 창가 테이블에서는 미드타운의 번화한 거리가 내려다보인다. 뮤지컬 '오페라의 유령' 공연장인 마제스틱 극장 바로 옆에 계단이 있으며, 매장의 다른 쪽 입구는 4성급 호텔 The Row NYC의 바와 연결되어 있다.

OPEN | 일~수요일 06:30~21:00, 목~토요일 06:30~11:30
WEB | citykitchen.rownyc.com ADD | 700 8th Avenue
SUBWAY | 타임스스퀘어에서 도보 5분 KEYWORD | 브로드웨이, 뮤지컬, 타임스스퀘어

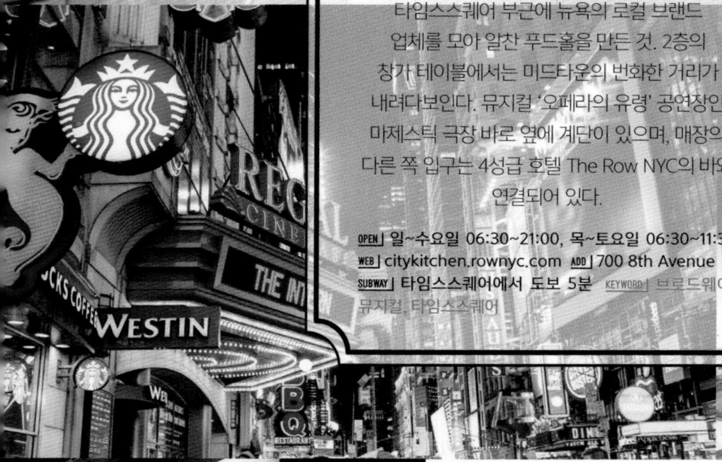

- **LUKE'S LOBSTER** [시푸드] 슈림프롤과 랍스터롤.
- **ILILI BOX** [지중해] 브뤼셀스프라우트 샐러드, 랩샌드위치.
- **DOUGH** [도넛] 폭신한 팬시 도넛.
- **WHITMAN'S** [버거] 수제버거와 감자튀김.
- **KURO OBI** [라멘] 유명 라멘 전문점 잇푸도의 계열 브랜드.

브루클린 다리 아래, 낭만적인

풀턴 마켓

FULTON MARKET

200년 넘은 벽돌 건물, 반들거리는 코블스톤이 아름다운 18세기 항구에서 노천 레스토랑의 낭만을 즐겨보자. 뉴욕의 무역항이었던 사우스 스트리트시포트 South Street Seaport가 뉴욕에서 가장 힙한 장소로 거듭나고 있다. 최근 리노베이션을 끝낸 옛 어시장 풀턴 마켓은 여름 시즌이면 상설 스모르가스버그가 열리는 푸드홀로 변신했고, Pier 17의 대규모 쇼핑센터 공사가 마무리되면 볼거리와 먹거리도 더욱 풍성해질 전망이다.

OPEN | 여름 시즌 매일 11:00~22:00 WEB | www. southstreetseaport.com ADD | 11 Fulton Street (Fulton Market Bulding) SUBWAY | 지하철 Fulton St (2, 3, 4, 5호선)
KEYWORD | Pier 17, 풀턴 마켓, 이스트리버

- **CEMITAS EL TIGRE** [멕시칸] 카르니타스 샌드위치와 어니언링.
- **HOME FRITE** [아메리칸] 두툼한 감자튀김.
- **RED HOOK LOBSTER POUND** [랍스터롤] 뉴욕 브루클린의 랍스터 브랜드.
- **WOWFULLS** [아이스크림] 커다란 와플콘에 담아 먹는 홍콩 스타일의 팬시한 아이스크림. SNS의 인기 메뉴다.

알뜰하게, 실속있게!

프리픽스 런치

Prix Fixe Lunch

#코스요리 #미슐랭맛집 #장조지레스토랑 #런치세트

점심시간에 고정된 가격의 메뉴를 서비스하는 프리픽스 런치Prix fixe lunch 문화가 뉴욕에서 발달한 것은 1979년 등장한 개념인 파워 런치Power lunch의 영향이 크다.

이는 인맥 관리를 매우 중시하는 뉴욕의 직장문화를 반영한 단어로, 점심을 먹으며 회의를 하거나 중요한 대화를 나누는 비즈니스 식사를 의미한다. 고급 레스토랑과 스테이크하우스라면 대부분 프리픽스 메뉴를 코스로 제공하고 있어, 정해진 예산 안에서 셰프의 요리를 접할 좋은 기회가 된다.

파인다이닝의 문턱을 낮춘

NOUGATINE AT JEAN-GEORGES

프렌치
어퍼웨스트

누가틴 앳 장조지는 최고급 프렌치 레스토랑 장조지의 바 섹션에 만들어진 세미-캐주얼 레스토랑이다. 안쪽의 포멀한 다이닝 룸에 비해 편안한 분위기에서 미슐랭의 터치를 가미한 센스 있는 뉴아메리칸 요리를 맛볼 수 있다. 점심시간의 프리픽스 런치 메뉴 중에는 장조지의 시그니처인 타르타르와 초콜릿 크림케이크도 포함되어 있다. 뉴욕 레스토랑 위크에도 꾸준히 참여하는 누가틴은 파인다이닝의 문턱을 낮추는 데 많은 기여를 했다.

CHEF JEAN-GEORGES VONGERICHTEN

프랑스 출신의 셰프 장조지 봉게리히텐은 플래그십 레스토랑 '장조지'로 미슐랭 3스타와 뉴욕타임스 4스타 레이팅을 받은 최정상급 스타 셰프이자, 전 세계 30여 곳의 레스토랑을 운영하는 성공한 레스토라터다. 프렌치를 베이스로 한 창의적인 퓨전 요리가 특징인데, 트렌드를 읽는 감각이 매우 탁월해 새로운 레스토랑을 오픈할 때마다 이슈의 중심이 된다. 미국 PBS 채널의 다큐멘터리 '김치 크로니클'에 아내와 함께 출연했을 정도로 한식과 아시안 요리에 관심이 많다.

- **ABC KITCHEN & ABC COCINA** p.24
- **JOJO** [조조, 어퍼이스트, 런치 프리픽스 있음, 컨템포러리 프렌치] 17세기 프랑스의 타운하우스 분위기가 느껴지는 예쁜 2층 건물의 레스토랑이다. 21년간 뉴욕타임스 3스타 레이팅.
- **MERCER KITCHEN** [머서키친, 소호, 런치 단품 메뉴 $18~24 사이] 소호의 활기찬 분위기를 그대로 반영한 감각적인 아메리칸 레스토랑. 와사비가 들어간 참치 피자, 샌드위치와 파니니, 버거 같은 퓨전/캐주얼 메뉴가 많다.
- **PERRY ST** [페리스트리트, 그리니치빌리지, 런치 프리픽스 있음] 아들 Cedric Vongerichten이 헤드셰프. 누가틴 앳 장조지와 흡사한 뉴 아메리칸 파인다이닝 레스토랑이다. 허드슨 강변에 있으며, 인테리어가 모던하고 산뜻하다.

PRICE | $$$$ OPEN | Breakfast 평일 07:00~10:00, Lunch 평일 12:00~15:00, Dinner 매일 17:00~23:00, Brunch 주말 11:30~15:30 WEB | www.jean-georgesrestaurant.com ADD | 1 Central Park W SUBWAY | 지하철 Columbus Circle (1, A, B, C, D호선) MENU | 프렌치 Tuna Tartare, Warm Chocolate Cake
KEYWORD | 예약 필수, 비즈니스 캐주얼, 스타 셰프

Venison, Café Boulud p.141 © Aliza Eliazarov

Dinner

Fine Dining & Grill

스타 셰프의 요리

파인다이닝

Fine Dining & Star Chefs

#스타셰프 #코스요리
#테이스팅메뉴 #미슐랭

어느 도시를 여행하든 파인다이닝 레스토랑에서의 식사는 특별하고 즐거운 경험이다. 그 도시가 뉴욕이라면 스타 셰프의 레스토랑을 방문하는 것을 여행의 목적으로 삼아도 좋을 것. 뉴욕 레스토랑의 메뉴와 서비스를 수시로 체크하여 결과를 발표하는 외부 기관의 평가는 뉴욕의 미식업계를 단련시키며, 여행자 입장에서는 좋은 레스토랑을 선택할 수 있는 객관적인 지표가 된다. 이번 섹션에서는 지명도, 전문 분야, 트렌드, 지속성 등의 항목을 고려해 독보적인 존재감을 뽐내는 최정상급 셰프의 레스토랑을 취재했다.

Photo courtesy of Danie p.140 © Signe Birck

뉴욕의 레스토랑 평가기관

THE NEW YORK TIMES

뉴욕타임스는 음식 전문 패널을 고용하여 70년 이상 뉴욕 레스토랑을 평가한다. 평론가들이 개별적으로 레스토랑을 방문해 별점을 매기고 리뷰를 게재하는 방식으로, 최고 등급인 뉴욕타임스 4스타를 보유하고 있다는 것은 뉴욕의 레스토랑 분야에서 대단한 영예로 여겨진다. 최근 평론가로부터 혹평을 받은 한 레스토랑이 4스타에서 2스타로 강등되고, 오너 셰프가 공식 사과문을 발표한 사례가 있을 정도로 영향력이 크다. 현재 뉴욕타임스 4스타 클럽에 속한 레스토랑은 다섯 곳이다. (Eleven Madison Park, Jean-Georges, Le Benardin, Del Posto, Sushi Nakazawa) [☆☆☆☆ Extraordinary, ☆☆☆ Excellent, ☆☆ Very Good, ☆ Good]

THE MICHELIN GUIDE

100년의 역사를 가진 대표적인 미식 평가지 미슐랭(미쉐린) 가이드의 뉴욕판은 2006년 처음 발행됐다. 전문 심사위원이 레스토랑을 방문해 요리와 서비스를 평가한다. 도시별 안내서에는 수백 곳의 레스토랑이 수록되는데 그중 일부에만 1~3까지의 별점이 매겨진다. 3스타는 음식뿐 아니라 서비스를 포함한 모든 항목에서 완벽하다는 것을 의미한다.

[☆☆☆ 특별히 방문해볼 만한 최고의 퀴진, ☆☆ 시간을 내 방문해볼 만한 훌륭한 퀴진, ☆ 해당 분야의 좋은 레스토랑]

ZAGAT SURVEY

1979년 파리의 미식 문화에 매료된 변호사 출신의 팀과 니나 자갓 부부가 지인들을 상대로 설문지를 돌린 것이 시초다. 75개 레스토랑으로 시작한 초판이 큰 호응을 얻으면서 1983년에는 317개 레스토랑으로 늘어났다. 오늘날의 설문조사에는 수십만 명의 일반인이 참여해 항목별로 점수를 매기며, 평가 지역도 뉴욕에서 인터내셔널 버전으로 확대됐다.

WORLD'S 50 BEST RESTAURANTS (W50B)

2002년 영국에서 시작된 어워드. 각국의 셰프, 레스토랑 경영자, 비평가 대상의 설문조사를 통해 1위부터 100위까지 순위를 정하고, 시상식에는 전 세계의 셰프들이 모여 축제 분위기를 연출한다. 뉴욕에서는 일레븐매디슨파크가 2016년 3위를 차지하여 역대 최고 순위를 기록했으며, 르 버나댕은 2006년부터 10년째 50위 안에 꾸준히 랭크되는 저력을 과시했다. 2016년 에스텔라p.28, 블루 힐p.30이 40위권을 기록하며 Best 50에 새롭게 진입했다.

JAMES BEARD FOUNDATION AWARD

1990년부터 제임스 비어드 재단이 수여하는 상으로, 약 600명의 관계자가 투표를 통해 최고의 셰프, 레스토라터, 레스토랑, 서비스 등을 선정한다. 매년 5월의 첫 번째 주말에 시상식을 진행해 미국 요식업계의 오스카상으로 불린다.

YELP

불특정 다수 일반인의 보편적인 평가가 반영된 지역 정보 사이트다. 옐프 활용법은 p.91 참조.

세계가 인정한 천재 요리사, 다니엘 훔의

ELEVEN MADISON PARK - SINCE 1998

최근 몇 년 사이 파인다이닝 요리는 더없이 정교해지고, 아름다워졌다. 재료는 신선하게, 구성은 심플하게, 맛은 상상을 초월하는 수준으로. 그 트렌드를 주도하는 레스토랑이 **일레븐매디슨파크(EMP)**다. 눈부시게 흰 식탁보에 올려진 간결한 요리는 그 자체로 하나의 예술작품 같아서 겉모습만으로는 어떤 음식일지 짐작도 가지 않는다. EMP에서 인터랙션을 중요시하는 이유다. 고객의 알레르기와 취향을 세심하게 확인하고, 3시간 가량의 식사시간 내내 음식의 테마와 사용된 재료가 테이블에 올라오기까지의 과정을 설명해 준다. 고개가 끄덕여지는 것도 잠시, 조심스럽게 스푼을 입에 넣으면 생전 처음 경험하는 호사에 황홀할 따름. 더 먹고 싶고, 동시에 궁금해진다. 다음 메뉴는 도대체 뭘까? 사진 속의 메뉴는 메추리 알과 베이컨 젤리, 옥수수 퓌레로 만든 에그 베네딕트에 캐비아를 얹어 작은 캔에 담아낸 것. 익숙한 음식에 셰프의 위트를 섞은 EMP다운 시그니처 메뉴다.

EMP의 시그니처 에그 베네딕트

푸아그라 테린

Chef Daniel Humm

1976년 스위스에서 태어난 **다니엘 훔**은 불과 스물아홉의 나이에 EMP의 총괄 셰프Executive Chef로 합류했고, 2011년 사업 파트너 윌 기다라Will Guidara와 EMP를 인수해 단숨에 최고의 위치에 올려놓았다. 엄숙할 것만 같은 주방에는 "Make It Nice"라는 문구와 재즈 거장 마일스 데이비스의 사진이 걸려 있다. 카멜레온처럼 변화하는 마일스 데이비스의 음악이 영감의 원천이라는 설명.

한때 15코스까지 늘어났던 테이스팅 메뉴는 7~9가지로 압축되었고, 앞으로 EMP가 어떤 방향으로 나아갈지는 누구도 상상할 수 없다. 한 가지 분명한 것은 당분간 세계의 레스토랑신은 그의 행보를 관심 있게 지켜보리라는 사실이다.

MINI BOX

Make It Nice는 다니엘 훔과 윌 기다라의 합작법인 이름이기도 하다. 그들의 두 번째 레스토랑 노매드NoMad는 미슐랭 1스타를 받았으며, 저가형 패스트-캐주얼 레스토랑으로 새로운 모멘텀을 노리고 있다.

THEME | 컨템포러리 퀴진 RANKING | W50B 3위(2016), 미슐랭 3스타(2012~), 뉴욕타임스 4스타(2015~)
OPEN | Lunch 금~일요일 12:00, Dinner 매일 17:30~22:00 PRICE | 일인당 $295 (팁 포함, 음료/Tax 별도)
BOOKING | 28일 전부터 전화 & 온라인 접수(사전 요청 시 키친투어 가능) ADD | 11 Madison Avenue
TEL | 212.889.905 WEB | www.elevenmadisonpark.com

Photo courtesy of Eleven Madison Park (Portrait & Interior ©Francesco Tonelli; Food ©Signe Birck)

해산물로 뉴욕을 사로잡은 에릭 리페르의

LE BERNADIN - SINCE 1986

Ran Ortner <Deep Water No. 1>

포시즌 호텔의 메인 다이닝룸으로 들어서면 일렁이는 파도 그림이 시선을 끈다. **르 버나댕**의 이미지를 완벽하게 표현한 유화 <Deep Water No. 1>은 2011년 리모델링 당시 에릭 리페르가 직접 골랐다. 20년간 뉴욕타임스 4스타를 유지하고 있는 유일한 뉴욕 레스토랑의 헤드셰프다운 안목이다.

르 버나댕의 모든 요리는 해산물을 테마로 한다. 가볍게 데치거나 선어로 내는데 생선에 마리니에르 부용Marinière Broth이나 레몬그라스 콩소메Consomme 같은 산뜻한 베이스가 깔린다. 프렌치 파인다이닝의 정수가 담긴 기법에 일본 및 아시아의 향신료와 재료도 폭넓게 활용하고 있어 '물고기처럼 끝없이 앞으로 나아가는 레스토랑'이라는 평론가의 찬사가 아깝지 않다. 성게 알과 캐비아를 곁들이려면 가격이 상당하지만 그럴 만한 가치가 있다는 평가. 메인 다이닝룸이 아닌 라운지에 자리를 잡으면 비교적 무난한 가격에 3코스 요리를 경험해 볼 수 있다.

Chef Eric Ripert

1965년 프랑스 앙티브에서 태어난 **에릭 리페르**는 파리의 유서 깊은 레스토랑 라 투르 다르장La Tour D'Argent, 조엘 로부숑의 자민Jamin을 거쳐 1991년 미국으로 건너왔고 뉴욕 다니엘의 수셰프로 일하던 중 르 코즈Maguy Le Coze의 제안으로 르 버나댕에 합류했다.

MINI BOX

마기 르코르 1972년 파리에 최초의 르 버나댕을 오픈해 미슐랭 2스타를 받았고 1986년 뉴욕으로 레스토랑을 이전했다. 제임스 비어드 재단의 '최고의 레스토라터상(2013)'을 받은 최초의 여성으로 기록되었다. 현재 에릭 리페르와 르 버나댕의 공동 오너.

Wagyu Tartare

King Fish Caviar

Halibut

Dark Chocolate

Photo courtesy of Le Bernadin (Portrait & Interior ©Daniel Krieger; Wagyu Tartare ©Francesco Tonelli; Other foods ©Shimon & Tammar)

THEME | 시푸드를 테마로 한 모던 프렌치 퀴진 RANKING | 미슐랭 3스타(2006~), 뉴욕타임스 4스타(1995~), 자갓 1위(2013~), W50B 26위(2016) OPEN | Lunch 평일 12:00~14:30, Dinner 매일 17:15~22:30 PRICE | 다이닝룸 런치 테이스팅 $85, 디너 테이스팅 $147, 셰프 테이스팅 $215/ 라운지 3코스 프리픽스 $49 BOOKING | 예약: 30일 전부터 전화 및 오픈테이블 접수 ADD | 155 W 51st Street TEL | 212.554.1515 WEB | www.le-bernardin.com

정통 프렌치의 대가, 다니엘 블뤼의

DANIEL - SINCE 1993

다니엘의 VIP룸, Sky Box

뉴욕의 정통 프렌치 레스토랑 **다니엘**에서의 식사는 어퍼이스트 고급 레스토랑의 교과서와 같다. 예전에 르 서크가 있던 자리를 물려받은 건물에 들어서는 순간부터 정중한 서비스가 시작된다. 매달 로테이션되는 메뉴로 계절감을 완벽하게 살려낸 요리는 특유의 아름다운 플레이팅으로 빛을 발한다. VIP룸의 4인용 테이스팅 메뉴 가격은 $1,600에 달하는데, 단품 주문이 가능하며 수긍할 만한 가격대의 보급형 코스 메뉴를 꾸준히 제공하고 있다는 점에서 다니엘 블뤼의 노력이 돋보인다. 급격한 트렌드 변화 속에서도 다니엘은 여전히 정통 프렌치를 고수하고 있다.

Café Boulud

Chef Daniel Boulud

프랑스 리옹 부근의 작은 마을에서 태어난 **다니엘 블뤼**는 프랑스의 전설적인 셰프 로제 베르주의 물랭 드 무쟁Moilin de Mogins, 뉴욕의 프렌치 레스토랑 르 서크Le Cirque를 거치며 체계적인 경력을 쌓았다. 1993년 뉴욕에 자신의 이름을 건 다니엘을 오픈하면서 "내 목표는 뉴욕 최고의 프렌치 레스토랑을 만드는 것"이라는 인터뷰를 했던 다니엘 블뤼는 실제로 뉴욕 최고의 위치에 올랐다. 전 세계에 많은 레스토랑을 운영하는 경영자로서, 자선 행사에도 자주 참여하는 리더로서, 뉴욕 셰프들의 존경을 한 몸에 받는 대가다. 2006년 프랑스 정부로부터 레지옹 도뇌르 훈장을 받았다.

THEME | 정통 프렌치 퀴진 RANKING | 뉴욕타임스 4스타(2009~2013), 미슐랭 3스타(2010~2014), 2스타(2015~), 자갓 1위 (2013) OPEN | Dinner 월~토요일 17:30~22:30 PRICE | 4코스 프리픽스 $142, 7코스 테이스팅 $234 BOOKING | 온라인 접수 ADD | 60 E 65th Street TEL | 212.288.0033 WEB | danielnyc.com

CAFÉ BOULUD @ 어퍼이스트

PRICE | $$$($) OPEN | Lunch 월~토요일 12:00~14:30, Dinner 매일 17:45~10:30, Brunch 일요일 12:00~15:00
ADD | 20 E 76th Street (메트로폴리탄 미술관 부근) WEB | www.cafeboulud.com/nyc

최신 트렌드에 어울리는 다니엘 블뤼의 레스토랑을 찾는다면 **카페 블뤼**가 좋은 옵션이다. 런치 프리픽스와 선데이 브런치가 $40~50 선으로 가격도 적정하고, 아름다운 꽃장식을 곁들인 모던하고 산뜻한 프렌치 메뉴로 찬사를 받고 있다. 미슐랭 원스타에 꾸준히 랭크되는 곳이다.

다니엘 계열 레스토랑

- 바 블뤼 (Bar Boulud) $$$ 캐주얼 비스트로, 와인바
- 블뤼 쉬드(Boulud Sud) $$$ 지중해 요리
- DB 비스트로 모던 (DB Bistro Moderne) $$$ 프렌치-아메리칸 캐주얼 p.78
- DBGB 키친앤바 (DBGB kitchen & Bar) $$$ 개스트로펍
- 에피세리 블뤼 (Epicerie Boulud) $$ 베이커리, 캐주얼 카페 p.122

이탈리안 파인다이닝의 정수, 마이클 화이트의

MAREA - SINCE 2009

미드타운웨스트

Chef Michael White

마레아는 이탈리아어로 조류(潮流)를 뜻한다. 오너 셰프 마이클 화이트는 풍미가 남다른 해산물과 하우스메이드 파스타를 뉴욕 스타일의 모던 파인다이닝과 접목시켜 성공했다. 오픈 1년 만에 미슐랭 2스타로 선정되었다.

THEME | 이탈리안 시푸드 파인다이닝 RANKING | 미슐랭 2스타 (2010~), 제임스 비어드 최고의 신규 레스토랑상 (2010)
OPEN | Lunch 평일 11:45~14:30, Dinner 매일 17:30~23:00 PRICE | 2코스 런치 $52, 4코스 디너 $102
BOOKING | 온라인 접수 ADD | 240 Central Park S TEL | 212.582.5100 WEB | www.marea-nyc.com

美食 TALK

"이탈리안 코스요리, 이렇게 즐기자!"

마레아의 메뉴는 크루도, 안티파스토, 페셰, 카르네 중에서 자유롭게 선택하는 방식이다. 조금은 생소할 수 있는 정통 이탈리안 코스요리를 순서별로 재구성했다.

웰컴드링크 © Anthony Jackson, Marea

1 아페리티보 Aperitivo

식욕을 돋우기 위한 와인이나 가벼운 음료. 올리브, 견과류 등을 내놓는다.

브루스케타 © Ai Fiori

문어와 미랑어소스Polipo © Ted Axelrod, Marea

2 안티파스토 Antipasto

전채 요리. 이탈리아 가공육인 살루메Salume (프로슈토, 판체타, 모타렐라), 브루스케타Bruschetta, 날것을 뜻하는 크루도Crudo 등의 가벼운 음식이 차갑게 서브 된다.

랍스터와 부라타치즈Astice © Noah Fecks, Marea

여러 가지 생선 크루도 © Noah Fecks, Marea

리가토니 파스타 © Ai Fiori

3 프리모 Primo
첫 번째 메인 요리. 안티파스토보다 헤비하게, 다음 코스보다는 가볍게 구성한다. 수프나 리소토, 심플한 파스타가 여기에 해당한다.

광어Ippoglosso, Halibut © Noah Fecks, Marea

마레아의 시그니처, 문어와 본매로우 푸실리 © Ted Axelrod, Marea

양갈비Agnèllo © Noah Fecks, Ai Fiori

칼라마리 딸리올리니 © Noah Fecks, Marea

4 세컨도 Secondo
본격적인 메인 요리. 주재료로 생선Pésce과 고기Carne를 사용한다. 헤비한 재료가 들어간 파스타는 세컨도로 분류하기도 한다. 메인에 곁들여 먹는 사이드 메뉴 콘토르노Contorno는 채소류를 주로 사용한다.

과일 세미프레도 © Noah Fecks, Marea

헤이즐넛 세미프레도 © Noah Fecks, Marea

5 돌체Dolce & 디제스티보Digestivo
메인 식사 후에는 치즈 플레이트와 과일을 뜻하는 포르마지 에 프루타Formaggi e frutta가 이어지고, 달콤한 디저트 타임이 찾아온다. 티라미수와 판나코타가 가장 대표적이다. 마레아에서는 달걀과 설탕 크림을 넣어 반쯤 얼린 아이스크림, 세미프레도Semifreddo를 응용한 디저트가 눈을 즐겁게 한다. 커피까지 마신 후라면 소화를 돕는 가벼운 과일주 디제스티보로 마무리한다.

Photo courtesy of Altamarea Group

최고의 이탈리안 셰프 마리오 바탈리의

BABBO - SINCE 1998

그리니치빌리지

실내사진

Chef Mario Batali

개인 SNS를 꾸준히 업데이트하는 등 친근한 이미지의 스타 셰프 마리오 바탈리는 특유의 열정과 실력으로 이탈리아 요리를 한 차원 끌어올린 독보적인 존재다. 뉴욕에 푸드홀 이탈리를 성공적으로 런칭했고, 아이언셰프 등의 방송 프로그램에 출연하며 화려한 커리어를 쌓았다. 사업 파트너 조 바스티아니치Joseph Bastianich와 뉴욕에만 10여 곳의 레스토랑을 운영하는데, 하나같이 높은 인기를 누리고 있다.

워싱턴스퀘어파크의 북서쪽 코너의 옛 마구간 건물에 입점한 **밥보**는 레스토랑과 와인바를 겸하는 플래그십 레스토랑이며, 이외에도 뉴욕타임스 4스타를 받은 델 포스토Del Posto, 미슐랭 1스타 스페인 음식점 카사 모노Casa Mono / p.165와 루파p.34 또한 마리오 바탈리 계열이다.

PRICE | $$$$ (단품 $25~35, 런치 테이스팅 $50, 디너 테이스팅 $99) OPEN | Lunch 화~토요일 11:30~14:00, Dinner 매일 17:30~23:00 ADD | 110 Waverly Place WEB | babbonyc.com MENU | Grilled Octopus, Black Tagliatelle, Hanger Steak with Truffles KEYWORD | 마리오 바탈리, 미슐랭☆, 예약 필수

Photo courtesy of Batali & Bastianich Hospitality Group (Portrait ©Ken Goodman; Food & Interior © Kelly Campbell)

미슐랭 2스타 셰프의 특제 쌈밥,

MOMOFUKU SSÄM BAR - SINCE 2006

이스트빌리지

Dry Aged Ribeye, Ssäm Bar

쌈 채소 위에 밥과 고기, 쌈장을 얹어 먹는 쌈밥의 묘미를 뉴욕에 전파한 **모모푸쿠 쌈바**. 속 재료를 얇은 토르티야로 감싼 것을 쌈Ssäm, 덮밥을 보울Bowl이라 이름 붙였다. 입에서 사르르 녹는 수육, 매콤함의 경계를 절묘하게 지켜 배합한 고추장 소스에 고개가 끄덕여진다. 쌈바 바로 옆으로 연결된 칵테일바 Booker and Dax에서도 포크번 같은 심플한 메뉴를 주문할 수 있다.

Momofuku Ko

Chef David Chang

모모푸쿠 계열 레스토랑의 오너셰프 **데이비드 장**은 아시안 대중 음식을 뉴욕 스타일로 재해석해 뉴요커의 입맛을 사로잡았다. 데이비드 장은 푸드 칼럼니스트이자 유명 셰프인 안소니 부르댕Anthony Bourdain으로부터 "멋지고 흥미로운 음식으로 다이닝 문화에 새로운 방향을 제시한다"는 찬사를 받았으며, 세계에서 가장 영향력 있는 100인으로 선정되기도 했다.

데이비드 장 퀴진의 진가는 미슐랭 2스타 파인다이닝 레스토랑 모모푸쿠코Momofuku Ko에서 드러난다. 2004년 이스트빌리지에 오픈한 누들바Noodle Bar에서는 한식과 일식에서 영감을 받은 라멘, 치킨, 떡볶이 등 대중적인 메뉴를 팔고 있는데, 금요일 저녁이면 대기시간이 한 시간을 훌쩍 넘는다. 최근에는 미드타운에 한식-이탈리안 퓨전 레스토랑 모모푸쿠니시Nishi도 문을 열었다.

PRICE | $$ (단품 $12~20, 6인용 한상차림 보쌈($250)은 예약해야 한다) OPEN | Lunch 11:30~15:30, Dinner 17:00~24:00, Brunch 주말 11:30~15:30 ADD | 207 2nd Avenue SUBWAY | Union Sq 또는 Astor Pl (6호선)에서 10분 WEB | ssambar.momofuku.com MENU | Duck over Rice Bowl, Pork Bun
KEYWORD | 단품 메뉴 주문 고객은 예약 불가, 웨이팅, 한식퓨전

Photo courtesy of Momofuku (Ssäm Bar ©William Hereford; Ko & Noodle Bar ©Gabriele Stabile)

장인정신으로 구워내는

뉴욕 스테이크

New York Steak

#인생스테이크 #피터루거 #프라임비프

최초의 '뉴욕 스테이크'를 탄생시킨 원조 노포(老鋪)부터 소문난 대박 맛집까지, 뉴욕에는 오랜 전통을 자랑하는 스테이크하우스가 많다. 최고의 고기를 최적의 환경에서 숙성시켜 완벽한 온도로 구워낸 뉴욕 스테이크는 고기 맛의 정수를 느끼게 하는 훌륭한 음식이다.

➡ USDA 프라임 비프란?

미국 농무부(USDA)에서는 질감과 수분 함량, 맛을 고려한 등급(Quality Grade[1])으로 소고기의 품질을 관리한다. 이 중 최고 등급에 해당하는 프라임(USDA PRIME)의 생산량은 전체의 2~3%에 불과해 좋은 스테이크하우스의 조건에는 자연히 좋은 고기를 확보하는 능력도 포함된다.

• **프라임**USDA PRIME 지방 함량 10~13%, 어린 소[2]를 도축한 고기로 마블링[3]이 상당히 많다. 대부분 미국 내 고급 레스토랑과 호텔에서 소비된다. 프라임 등급을 사용하는 스테이크하우스에서는 반드시 이를 명시한다.

• **초이스**USDA CHOICE 지방 함량 4~10%, 프라임에 비해 마블링이 적은 편이나, 역시 좋은 고기에 속한다. 전체 생산량의 54% 정도. 일부 마켓에서 구할 수 있다.

• **셀렉트**USDA SELECT 지방 함량 2~4%, 마블링 함량이 현저히 낮은 일반 소고기. 이 등급 중에서는 Rib, Sirloin, Loin 부위만이 그릴용으로 적합하다.

美食 TALK

꼭 알아둬야 할 고급 스테이크 BEST 4

소고기의 부위에 따라 스테이크의 맛과 가격은 크게 달라진다. 일반적으로 미국에서는 다음 네 종류를 최고급 스테이크로 분류한다.

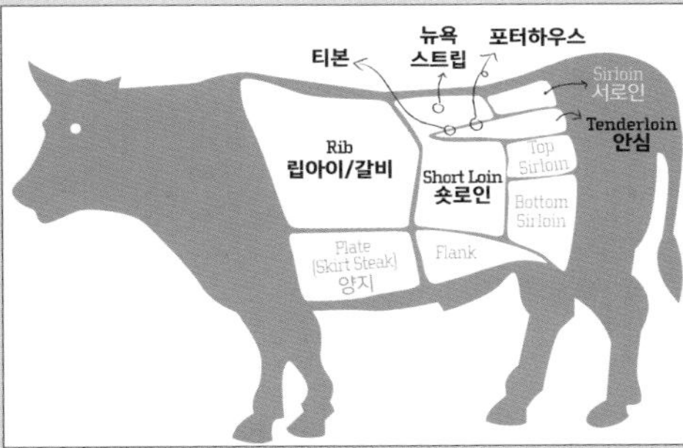

• **립아이**Ribeye 가장 보편적인 인기를 누리며, 마블링 함량이 가장 높은 갈비 부위. 뼈 없이 잘라낸 립아이를 Delmonico Steak라고 부르는 것은 미국 최초의 레스토랑 델모니코스에서 유래했다. Beauty Steak, Spencer Steak라고도 한다.

• **뉴욕 스트립**New York Strip 마블링이 많고 쫄깃한 허리살 '로인(loin)' 중에서도 앞쪽의 숏로인에 해당하는 채끝등심 부위. 뼈가 없으면 뉴욕 스트립, 뼈가 붙어 있으면 Bone-in New York 또는 Kansas City Strip 등으로 명칭이 바뀐다. Top Sirloin으로 불릴 때도 있는데, 이는 뒤쪽의 Sirloin과는 전혀 다른 부위다.

• **텐더로인**Tenderloin 지방 함량이 매우 적고, 버터처럼 부드러운 촉감의 안심 스테이크. 대표적으로 필레미뇽Filet mignon과 샤토브리앙Chateaubriand 스테이크를 이 부위로 요리한다.

• **티본 & 포터하우스**T-Bone & Porterhouse 한쪽에는 큼직한 스트립, 다른 쪽에는 텐더로인이 붙은 T자 형태의 뼈가 티본이다. 포터하우스는 텐더로인의 두께가 최소 3cm가 되도록 좀 더 뒤쪽에서 잘라낸 부위를 말한다. 옥스퍼드 사전에 의하면 1814년 로어맨해튼의 한 선술집Porterhouse에서 팔던 스테이크였다는 속설이 있다.

1) 상위 세 등급보다 아래인 Standard와 Commercial은 USDA 라벨링 없이 판매하는 경우가 많다. 이보다 품질이 낮은 Utility, Cutter, Canner등급은 가공식품을 만드는 데 사용한다.

2) 대부분 15~24개월 사이의 어린 소, 특히 거세한 수송아지(Steer)와 송아지를 낳지 않은 암송아지(Heifer)를 도축한다. 도축 전 4~8개월간은 곡물 사료를 먹여 마블링을 늘린다.

3) USDA 등급이 도입된 1927년에는 마블링이 많을수록 좋은 고기로 인식되었으나, 최근에는 소의 품종과 사료의 종류, 사육환경, 도축환경과 같은 다양한 조건을 고려하고 있다.

뉴욕 1위 스테이크

PETER LUGER - SINCE 1887

한 분야에서 가장 뛰어난 레스토랑을 추천한다는 것은 매우 곤란한 일이지만, 스테이크하우스에 한해서는 답이 정해져 있다. 뉴욕 최고의 스테이크하우스 **피터루거**에서는 USDA 프라임 비프를 선별하는 전 과정에 오너 가족이 직접 관여한다. 오랜 세월에 걸쳐 확보한 네트워크 덕택에 프라임 등급 중에서도 최고의 품질을 가진 고기를 선택할 권한이 가장 먼저 주어진다.

엄선한 숏로인은 온도와 습도, 통풍을 완벽하게 조절한 지하의 자체 저장고에서 건조 숙성을 시작한다. 숙성기간은 정확히 알려져 있지 않으나, 대략 28~30일 정도일 것으로 추정된다.
이처럼 까다로운 선택과 손질과정이 피터루거를 미국 최고의 스테이크하우스로 만든 비결이다.

섭씨 425도에 가까운 브로일러에서 소금만을 뿌려 구워낸 스테이크는 버터를 녹인 뜨거운 접시에 담아 서빙한다. 경험이 풍부한 웨이터들은 미리 잘라진 텐더로인과 스트립 한 점씩을 개인 접시에 놓고, 육즙과 버터가 섞인 뜨거운 기름을 능숙하게 끼얹어준다. 입에 넣자마자 그 부드러움과 풍미에 탄성이 나온다. 첫 번째 조각을 음미하는 동안, 뜨거운 접시의 고기는 조금씩 더 익어간다.

수제버거, 베이컨 등 단품 메뉴와 독일식 생크림 Schlag를 곁들인 사과파이 Apple Strudel 디저트까지, 피터루거의 음식은 모두 훌륭하다. 독일 비어홀을 연상케 하는 넓은 인테리어와 시끌벅적한 분위기의 캐주얼 포터하우스다.

MINI BOX

건식숙성(Dry Aging)

소를 도축한 직후 경직된 고기를 이완시키는 과정을 숙성Aging이라고 한다. 진공으로 포장하여 수분 함량을 잃지 않도록 한 웻에이징 Wet Aging 방식과 달리, 드라이에이징은 통풍이 잘되고 온도는 영하에 가까운 저장고에서 오랜 기간 숙성시킨다. 수분이 증발하며 단단하게 굳은 표면에 생긴 천연곰팡이는 근섬유를 끊어내는 작용을 하는데, 이를 통해 고기는 더 부드러워지고, 응축된 아미노산이 풍미를 더 좋게 한다. 이 과정에서 고기의 무게가 많게는 3분의 1까지 줄어들기 때문에 등급이 높은 고기만이 드라이에이징에 적합하다.

브루클린 윌리엄스버그

PRICE | $$$$ OPEN | Lunch & Dinner 11:45~21:30 (일요일 12:45부터) WEB | peterluger.com
ADD | 178 Broadway, Brooklyn SUBWAY | 지하철 Marcy Av (J, M, Z호선)
MENU | USDA Prime Beef Steak (2인분 이상이 좋음), Grilled Bacon
KEYWORD | 미슐랭 ☆, 예약 필수, 현금 결제, 캐주얼 포터하우스, 전화 예약(718-387-7400)

스테이크 주문하기
"HOW WOULD YOU LIKE YOUR STEAK?"

1 고기 선택
2~3인 이상이라면 포터하우스를, 1인용 메뉴를 선택한다면 뉴욕 스트립 또는 델모니코 스테이크. 등급은 언제나 USDA 프라임으로!

2 굽기 선택
스테이크를 주문하면 고기를 어느 정도 구울지 묻는다. 완전히 구운 것을 웰던well-done, 중간 정도를 미디엄medium, 약간 익힌 것을 레어rare라고 한다. 스테이크하우스의 웨이터들은 선홍빛 핏기가 남아 있는 미디엄 레어 및 미디엄을 권한다.

3 사이드 메뉴
Steak Tomato & Onion 커다란 생 토마토와

양파 슬라이스의 조합이 잘 어울린다. 여기에 레스토랑마다 자체적으로 개발한 특제 스테이크 소스를 뿌려먹는다.

Creamed Spinach 미국인들이 스테이크를 먹을 때 매시드 포테이토와 함께 기본적으로 주문하는 사이드 메뉴. 데친 시금치에 크림과 버터를 넣고 부드럽게 끓여낸다.

Grilled Bacon 스테이크하우스의 두툼하고 커다란 베이컨은 일반적인 베이컨과 차원이 다르다.

4 알아두기
· 예산 2인 기준 최소 $100.
· 드레스코드 파인다이닝 스테이크하우스는 비즈니스 캐주얼을 갖출 것을 권장. 포터하우스(선술집)는 드레스코드 없음.

TRADITIONAL STEAKHOUSE

DELMONICO'S @ 로어맨해튼

SINCE | 1837 WEB | www.delmonicosrestaurant.com STYLE | 파인다이닝*

델모니코스는 월스트리트가 세계 금융의 중심지로 태동할 무렵부터 자리를 지켜 온 미국 최초의 레스토랑이다. 스테이크 부위 '델모니코'와 '뉴욕 스트립'을 최초로 만들어 고유명사화했고, 뉴욕 브런치의 아이콘 에그 베네딕트p.63, 미국식 랍스터 요리 랍스터 뉴버그, 흰 머랭이 눈처럼 뒤덮인 디저트 베이크드 알래스카와 같은 미국의 대표적인 요리도 최초로 개발하면서 레스토랑 역사에 한 획을 그었다.

원조 델모니코 스테이크

1876년 탄생한 메뉴, 랍스터 뉴버그

*스테이크 하우스 중에서 '파인다이닝'으로 표시된 곳을 방문할 때에는 비즈니스 캐주얼 드레스 코드를 권장한다.

KEEN'S STEAKHOUSE @ 미드타운

SINCE 1885 WEB www.keens.com STYLE 파인다이닝

미국 유력 인사들의 사교클럽으로 명성을 얻은 **킨스 스테이크하우스**. 한창 때 9만 명에 달했다는 회원 명부에는 아인슈타인, 루스벨트 대통령, JP 모건의 이름도 올라 있다. 회원들이 사용하던 담배파이프Churchwarden 컬렉션을 레스토랑 천장에 빼곡하게 진열해 놓아, 박물관 같기도 한 멋진 장소다. 킨스의 대표 메뉴는 생후 24개월 이상의 성숙한 양을 도축해 만든 머튼 찹Mutton Chop이다. 양고기를 좋아한다면 먹어볼 만한 메뉴. 양이 많아 메인 요리로 주문하기 부담스럽다면 절반 가격의 펍 메뉴를 달라고 요청하면 된다. 소고기 스테이크는 전부 USDA 프라임 등급을 사용하며, 자체 저장소에서 드라이에이징을 거친다.

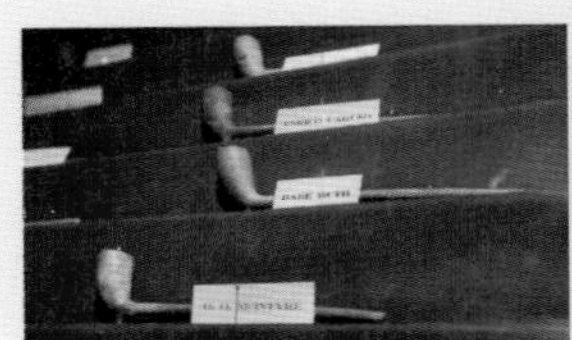

OLD HOMESTEAD @ 첼시

SINCE 1868 WEB www.theoldhomesteadsteakhouse.com STYLE 캐주얼 포터하우스

150년 전통의 **올드 홈스테드**는 전통 있는 스테이크하우스답게 고기의 품질관리도 뛰어난 편. 메뉴의 'Prime' 표시 여부에 따라 가격이 달라진다. 첼시마켓 바로 앞에 있어 편리하며, 부담 없는 가격의 런치 버거 메뉴도 있어 로컬과 관광객이 많이 찾는다. 올드 홈스테드에 간다면 애피타이저로 갈릭브레드타워를 주문해 보자.

BUSINESS STEAKHOUSE

SMITH & WOLLENSKY @ 미드타운이스트

SINCE 1977 WEB www.smithandwollenskynyc.com STYLE 파인다이닝

워런 버핏과의 점심식사 장소, 영화 '악마는 프라다를 입는다'로 유명세를 탄 **스미스앤월렌스키**는 TGIF의 창업자 Alan Stilman이 만든 레스토랑이다. 28일간 드라이에이징한 USDA 프라임 비프를 사용하는데, 독특하게도 '서로인' 부위를 대표 메뉴로 내세우고 있다.

BLT PRIME @ 플랫아이언

SINCE 2004 WEB bltrestaurants.com STYLE 파인다이닝

프랑스 출신의 투롱델 셰프가 미국에서 성공시킨 스테이크 브랜드로, 뉴욕식 스테이크하우스와 프렌치 비스트로가 혼합된 형태. BLT Steak보다 하이엔드 브랜드인 **비엘티 프라임**에서는 28일간 드라이에이징한 USDA 프라임 또는 자연 방목한 블랙 앵거스만을 사용한다.

DEL FRISCO'S DOUBLE EAGLE STEAKHOUSE @ 미드타운

SINCE 1981 WEB delfriscos.com STYLE 파인다이닝

미 전역에 체인이 있는 최고급 스테이크하우스 **델 프리스코**는 필레미뇽부터 프라임 립아이, 프라임 포터하우스, 랩찹과 와규까지 스테이크의 등급과 종류, 크기를 다양화했고, 다른 요리의 퀄리티도 전반적으로 뛰어나 선택지가 넓은 편이다.

WOLFGANG STEAKHOUSE @ 미드타운

SINCE 2004 WEB www.wolfgangssteakhouse.net STYLE 파인다이닝

피터루거를 좋아하지만 브루클린까지 가기 어렵다면, **울프강 스테이크**가 대안이 되어준다. 피터루거에서 40년간 웨이터 생활을 하던 울프강 즈위너가 맨해튼의 파크애비뉴, 뉴욕타임스 빌딩처럼 직장인이 많은 고급 빌딩에 전략적으로 문을 열어 명성을 얻었다. 대표 메뉴인 포터하우스 스테이크는 피터루거와 흡사한 숙성방식과 조리방식을 사용하며, 분위기는 비즈니스 식사에 적합한 파인다이닝으로 만들었다. 국내에도 체인이 있다. 이 외에도, Ben & Jack's(플랫아이언), MarkJoseph(로어맨해튼), Benjamin Steakhouse(미드타운)이 피터루거 출신 직원이 오픈한 곳이다.

STAR CHEF'S STEAKHOUSE

GOTHAM BAR & GRILL @ 유니언스퀘어

SINCE 1984 WEB gothambarandgrill.com STYLE 아메리칸 파인다이닝 KEYWORD 미슐랭 ☆, 자갓 5위, 드레스코드

로맨틱한 분위기에서 스테이크를 코스 요리의 일부로 즐기고 싶다면 **고담바앤그릴**이 어떨까. 앨프리드 포탈레 셰프의 클래식한 아메리칸 파인다이닝 레스토랑에서는 어떤 메뉴를 선택해도 실패가 없다. 저녁에만 주문 가능한 양갈비(Rack of Lamb)와 앵거스 비프를 사용하는 뉴욕스트립(28 Day Dry Aged New York Steak)이 대표 메뉴.

Chef Alfred Portale

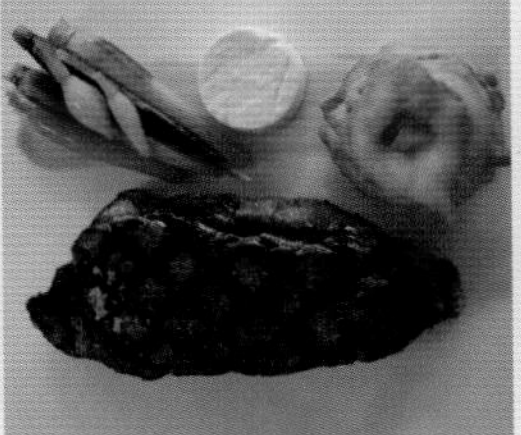

TRENDY STEAKHOUSE

QUALITY MEATS @ 미드타운

SINCE 2010 WEB qualitymeatsnyc.com
STYLE 캐쥬얼/모던

세련된 인테리어와 가격을 낮춘 대형 스테이크로 사랑받는 **퀄리티미츠**의 대표 메뉴는 무려 64온스(1800g)에 달하는 거대한 크기의 더블 립 스테이크(Double Rib Steak, 3~4인용, USDA Prime). 스미스앤월렌스키 계열이다.

STRIP HOUSE @ 유니언스퀘어

SINCE 2012 WEB www.striphouse.com
STYLE 캐쥬얼/모던

스트립하우스 또한 전통적인 스테이크하우스와는 컨셉트를 달리하여 핫플레이스로 자리잡았다. USDA 프라임 사용.

Photo courtesy of Gotham Bar & Grill

뉴욕에서 맛보는

이탈리안 파스타

Italian Pasta

#파스타사랑 #미트볼스파게티 #뉴욕스타일

탱글탱글한 파스타 면에 갖가지 소스와 재료를 섞어 먹는 이탈리아의 전통 요리 파스타는 피자와 마찬가지로 이탈리안 커뮤니티의 역사와 더불어 발전해 왔다. 토마토소스에 큼직한 완자를 얹은 미트볼 스파게티 같은 메뉴는 뉴욕의 전형적인 이탈리안-아메리칸 퀴진이며, 정통 이탈리안 레시피를 재현하는 곳이나 파인다이닝 형태의 이탈리안 레스토랑도 많아 선택지가 다양하다.

"파스타와 어울리는 소스는?"

밀가루 반죽에 물이나 달걀을 첨가해 만드는 파스타의 종류는 수백 가지가 넘는다. 뉴욕의 메뉴에 자주 등장하는 대표적인 파스타와 소스를 사진과 함께 알아보자.

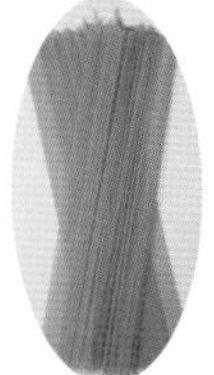

스파게티 Spaghetti

포크로 돌돌 말아먹는 국수, 스파게티는 볼로네제Bolognese부터 카르보나라Carbonara까지, 모든 종류의 소스와 잘 어울리는 대표적인 파스타다. 스파게티보다 가는 면 **카펠리니Capellini**는 가벼운 소스와, 스파게티보다 조금 더 굵으면서 속이 비어 있는 **부카티니Bucatini**는 매콤한 고추가 들어간 아마트리치아나Amatriciana 소스, 스파게티를 납작하게 누른 **링귀네Linguine**는 조개를 넣은 클램소스 봉골레Vongole와 궁합이 잘 맞는다.

펜네 Penne

짧은 파스타의 대표 격인 펜네는 끝을 뾰족하게 잘라낸 튜브형 파스타. 다양한 소스에 두루 사용되며, 치즈를 얹어 오븐에 구워내기도 한다.

탈리아텔레 Tagliatelle

'자르다'라는 뜻을 가진 납작한 리본 국수 형태의 탈리아텔레는 달걀을 첨가해 반죽한 생면으로도 많이 사용된다. 흡수력이 좋아 고기가 듬뿍 들어간 라구 소스(볼로네제, 나폴리탄) 종류와 특히 잘 어울린다. 버터크림 파스타로 알려진 페투치네 알프레도Fettuccine Alfredo에는 탈리아텔레보다 두꺼운 **페투치네 Fettuccine** 면을 사용한다. **파르파델레Parppardelle**는 더 두껍게 자른 면이다.

라자냐 Lasagna

국수로 자르기 전의 납작하고 넓은 반죽 형태인 라자냐는 가장 오래된 파스타 종류 중 하나다. 여러 장 겹친 라자냐 사이에 고기나 치즈, 채소 등의 속 재료를 넣고 오븐에 굽는다. 이탈리아식 만두로는 정사각형의 **라비올리Ravioli**, 반달 모양의 **아뇰로티Agnolotti**, 끝을 동그랗게 말아놓은 **토르텔리니Tortellini** 등이 있다.

콘킬리에 Conchiglie

소라 모양의 파스타. 수프나 스튜, 샐러드, 찜 요리 등에 다양하게 쓰이며, 안의 공간에 치즈나 고기를 채워 구워내거나 헤비한 크림소스에도 사용한다. 양쪽 끝이 더 말려 있는 파스타는 **카바텔리Cavatelli**.

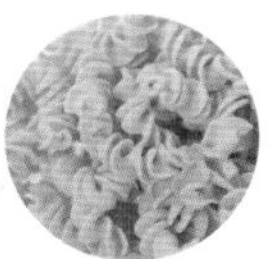

푸실리 Fusilli

짧게 잘라서 샐러드처럼 간단한 요리에 주로 사용하는 나선형의 파스타. 천연색소를 넣어 여러 가지 색으로 만들기도 한다. 신선한 바질을 갈아 넣은 녹색의 페스토 소스 등 가벼운 소스와 잘 맞는다.

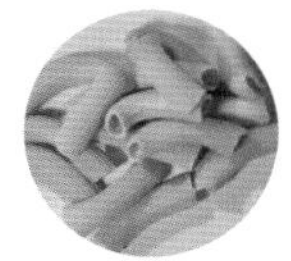

리가토니 Rigatoni

튜브처럼 속이 비어 있는 짧은 파스타 리가토니의 표면에는 얇은 홈이 파여 있어 소스가 잘 배어든다. 걸쭉한 소스에 넣어 요리해도 탄력이 살아 있어 진한 크림 소스, 치즈 소스, 라구 소스와 어울린다. **파케리Paccheri**는 리가토니보다 굵은 튜브형 파스타.

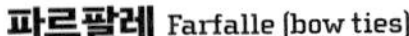

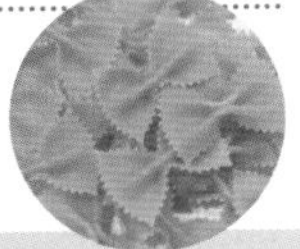

파르팔레 Farfalle (bow ties)

나비넥타이 모양의 짧은 파스타. 끝이 둥근 파르팔레를 트리폴리니Tripolini 또는 파르팔레 로톤데Farfalle Rotonde라고 한다.

타임스스퀘어의 패밀리 레스토랑

토니스 디 나폴리와 **카마인스**는 왁자지껄한 분위기가 언제나 흥겨운 타임스스퀘어의 명물 패밀리 레스토랑이다. 뉴욕 스타일의 이탈리안-아메리칸 가정식 파스타는 재료를 아낌없이 사용해 놀랍도록 푸짐하고 감칠맛이 넘친다. 요리 한 접시 분량이 2~3인용이므로 가족 단위로 방문하기에 좋고, 2명이라면 애피타이저와 메인요리 하나 정도면 충분하다. 파스타는 취향에 따라 면과 소스의 종류를 조합할 수 있다. 토마토를 베이스로 한 소스(Marinara, Bolognese, Fra Diavolo)가 무난하다. 애피타이저로는 이탈리아식 오징어 튀김인 칼라마리와, 조개를 오븐에 구운 베이크드 클램을 추천한다.

1 TONY'S DI NAPOLI

SINCE 1959 PRICE $$$ OPEN Lunch 11:30~16:00, Dinner 16:00~23:00
WEB www.tonysnyc.com ADD 147 W 43rd Street
MENU Baked Clams, Linguine with Seafood, Spaghetti & Meatballs, Primavera
KEYWORD 타임스스퀘어 원조 패밀리 레스토랑, 예약 권장

2 CARMINE'S

SINCE 1990 PRICE $$$ OPEN 매일 11:30~23:00
WEB www.carminesnyc.com ADD 200 W 44th Street
MENU Fried Calamari, Mixed Seafood Linguine, Four Pasta Special (일요일 한정)
KEYWORD 푸짐한 양, 뮤지컬 보는 날, 예약 권장

소호의 저렴한 파스타 맛집

리틀이탈리아와 인접한 소호와 놀리타에는 젊은 층이 즐겨 찾는 파스타 전문점이 많다. 꾸준한 호평을 받고 있으며, 큰 가격 부담 없이 방문할 수 있는 장소들은 다음과 같다.

1 OSTERIA MORINI

오스테리아 모리니는 볼로네제 소스와 라자냐, 프로슈토 등 대표적인 이탈리아 요리를 탄생시킨 맛의 고장 볼로냐 스타일의 이탈리안 가정식을 선보인다. 뉴욕에 여러 곳의 고급 레스토랑을 운영하는 마이클 화이트가 오너 셰프. 무난한 가격과 편한 분위기의 실내 인테리어로 소호의 명소가 되었다.

PRICE | $$$ WEB | osteriamorini.com
ADD | 218 Lafayette Street SUBWAY | 지하철 Spring St (6호선)
MENU | Polipo alla Piastra (문어), Garganelli Pasta, Pasta Flight (평일 런치)

2 RUBIROSA

동네 단골손님도 많고, 활기차고 친근한 느낌의 이탈리안-아메리칸 가정식 레스토랑, **루비로사**. 홈메이드 파스타는 양에 따라 가격이 달라진다. 하프 앤 하프로 주문해 먹는 커다란 뉴욕 스타일 수제 피자도 좋은 선택.

PRICE | $$($) WEB | rubirosanyc.com ADD | 235 Mulberry Street SUBWAY | 지하철 Spring St (6호선)
MENU | Cavatelli Pasta, Buttermilk Ravioli, Classic pizza

3 EMPORIO

엠포리오는 이탈리아에서 수입한 치즈와 핸드메이드 파스타, 신선한 유기농 재료를 사용하는 자연주의 레스토랑이다. 아늑하고 로맨틱한 분위기. 홈메이드 소시지와 리코타 치즈, 트러플을 살짝 얹은 튜브 파스타 파케리를 추천한다.

PRICE | $$($) WEB | emporiony.com ADD | 231 Mott Street
SUBWAY | 지하철 Spring St (6호선)
MENU | Tagliatelle Bolognese, Paccheri alla Norcina

4 IL CORALLO TRATTORIA

국내 여행객에게 특히 인지도가 높은 소호의 **일 코랄로 트라토리아**는 런치에는 $10, 저녁에는 $12~16 정도로 가격 대비 퀄리티가 좋은 이탈리안 레스토랑이다. 음식의 간이 센 편이니 주문할 때 미리 조절을 부탁하면 좋다.

PRICE | $$ WEB | www.ilcorallotrattoria.com
ADD | 172 Prince Street SUBWAY | 지하철 Spring St (C, E호선) 또는 Prince St (R, W호선) MENU | Black Taglierini, Fettuccine Pescatore, Tiramisu

5 PEPE ROSSO TO GO

테이블이 2~3개뿐인 아주 작은 파스타 전문점. 테이크아웃 위주로 음식을 판매해 **페페 로소 투고** 라는 이름이 붙었다. 기본적인 재료로 담백한 맛을 낸다. 간단한 식사를 원할 때 방문해 볼 만 하다.

PRICE $($) WEB peperossotogo.com ADD 149 Sullivan Street SUBWAY 지하철 Spring St (C, E호선) 또는 Prince St (R, W호선) MENU Tagliolini with Prosciutto, Penne Vodka

유명 셰프의 이탈리안 퀴진

마리오 바탈리 셰프 p.144

- **밥보** Babbo ➡ 클래식 이탈리안 파인다이닝
- **델포스토** Del Posto ➡ 모던 이탈리안 파인다이닝
- **에스카** Esca ➡ 남부 이탈리안 파인다이닝
- **루파** Lupa ➡ 로만 트라토리아 p.34

마이클 화이트 셰프 p.142

- **마레아** Marea ➡ 시푸드 전문 이탈리안 파인다이닝
- **아이피오리** Ai Fiori ➡ 이탈리안-프렌치 파인다이닝
- **오스테리아 모리니** Osteria Morini ➡ 캐주얼 이탈리안 (볼로냐 가정식)

그 외

- **카본** Carbone ➡ 모던 이탈리안-아메리칸
- **라투시** L'Artusi ➡ 모던 이탈리안 p.25
- **마이알리노** Maialino ➡ 로만 트라토리아 p.29

동부 해안의 싱싱함을 만나다

오이스터 &시푸드

Oyster & Seafood

#시푸드매니아 #오이스터바 #해피아워

얼음이 깔린 접시 위에 바다 향기를 머금은 채 서빙되는 생굴은 보기만 해도 저절로 침이 고인다. 새콤한 레몬이나 칠리 소스를 살짝 뿌려 속살을 빨아들이면 짭조름한 향기가 입안에 퍼진다. 오이스터는 보통 시푸드 레스토랑에서 애피타이저로 먹는다.

뉴욕 오이스터 Q&A

뉴요커는 왜 오이스터에 열광할까?

염도가 낮은 바다와 허드슨 강이 만나는 지리적인 특성상 뉴욕은 한때 전 세계에서 가장 큰 천연 오이스터 생산지였다. 아메리카 원주민 레나페이 족도 즐겨 먹던 음식으로, 1524년 네덜란드인들이 발견할 당시 맨해튼은 굴껍질 더미에 덮여 있었다고 전해진다. 1830년대에는 정식 레스토랑뿐 아니라 길거리 푸드스탠드에서도 팔았을 정도로 흔하고 값싼 음식이었으나, 점차 식용 굴 생산지역이 줄어들면서 가격이 비싸졌다. 오랜 세월에 걸쳐 굴을 먹어 온 뉴요커의 오이스터 사랑은 세대를 초월한다. 9월의 오이스터 위크는 이러한 역사적, 문화적 전통을 기리는 축제다. WEB | www.oysterweek.com

뉴욕에서 주로 먹는 오이스터는?

미국에서 소비되는 굴은 150여 가지에 달하며, 품종과 생산지에 따라 맛과 향이 크게 달라진다. 일반적으로 애틀란틱 오이스터는 풀향기가 나며 짠맛이 강하고, 퍼시픽 오이스터는 과일향을 풍기는 달콤한 맛. 납작한 껍질을 가진 유러피안 플랫은 철분mineral 맛이 두드러지는 편이다.(상세정보는 다음페이지 참조)

Raw Bar란?

해산물 레스토랑 한쪽에 굴과 조개, 새우와 랍스터 등을 전시한 코너. 요리하지 않은 날것을 판다는 뜻.

주문은 어떻게?

메뉴에 오이스터 생산지와 가격이 적혀 있으므로 한 종류씩 선택하는 것도 가능하다. 12개짜리 세트 메뉴 더즌dozen이나 6개짜리 하프더즌half dozen을 주문해도 된다. 커다란 쟁반에 굴과 조개, 새우 등을 탑처럼 쌓아올린 세트 메뉴 Sea Tower는 여럿이 방문했을 때 주문하면 좋다.

어떻게 먹을까?

대부분 생굴로 먹지만, 훈제하거나 튀긴 굴 요리도 있다. 날것으로 먹을 때에는 식초 소스나 토마토 칠리 소스를 곁들이고, 짠맛이 강한 굴은 오이스터 크래커와 먹는다.

오이스터 해피아워란?

평소 굴 한 개의 가격은 $2~4, 때로는 그 이상이다. 손님이 뜸한 오후 5시 전후의 오이스터 해피아워Happy Hour에는 $1~2에 굴과 클램을 먹을 수 있고, 가벼운 식사 메뉴도 저렴하게 판매하는 경우가 많다.

뉴욕 오이스터의 역사

GRAND CENTRAL OYSTER BAR - SINCE 1913

미드타운

그랜드센트럴역 지하 콘코스p.118의 **오이스터바**는 미국의 제28대 대통령 우드로 윌슨이 재임 중이던 1913년 2월 1일 토요일 화려하게 문을 연 명소다.

영화 '007'에서 제임스 본드가 '크림과 크래커를 곁들여 먹는 오이스터 스튜야말로 뉴욕 최고의 음식'이라고 회고하는 장면이 있는데, 이는 1917년부터 오이스터바에서 팔기 시작한 메뉴다. 당시 블루포인트 오이스터 12개의 가격은 35센트였다고 한다.

메인 다이닝룸의 아름다운 아치형 천장은 뉴욕 뮤니시펄 빌딩과 세인트 존 더 디바인 성당을 디자인한 건축가 구아비스타노Rafael Guavistano의 작품이다. 그 자리에 앉아 있는 것만으로도 올드 뉴욕이 궁금해지게 만드는 웅장함이 있다. 역사적인 장소로 그치지 않기 위해 매일 최소 25~30여 가지의 싱싱한 오이스터를 준비한다.

PRICE | $$$ OPEN | Lunch & Dinner (월~토요일) 11:30~21:30, Happy Hour (월~수요일 16:30~19:00, 토요일 13:00~17:00)
ADD | 89 E 42nd Street (그랜드센트럴역 지하) WEB | www.oysterbarny.com

뉴욕에서 즐겨먹는 대표적인 오이스터 종류

East Coast – Atlantic Oysters

(Crassostrea virginica. 대서양, 동부 연안에서 생산)

	생산지	크기	염도/특징
Beavertail	Rhode Island	중/대	중간/약간 달콤
Belon Wild	Maine (프랑스 품종)	중	톡 쏘는 산미/-
★Blue Point	Long Island, NY	대	보통/가장 무난
Chesapeake Bay	Virginia	중/대	낮음/달콤
Island Creek	Cape Cod, MA	중	매우 높음/-
Montauk Point	Montauk, NY	중	보통/-
Naked Cowboy	Long Island, NY	중	높음/미네랄
Oyster Bay	Long Island, NY	중	보통/-
Spinney Creek	Maine	대	보통/달콤
Watch Hill	Rhode Island	중	보통/달콤
Wellfleet	Massachusetts	중	높음/크리미
★Little Neck	Long Island, NY	가장 흔한 새끼 대합조개	

West Coast – Pacific Oysters

(Crassostrea gigas. 태평양, 서부 연안에서 생산. 본래 아시아 품종으로 Asian cupped oysters라고도 한다)

	생산지	크기	염도/특징
Fanny Bay	Vancouver, Canada	소	낮음/달콤/오이향
Goose point	Bay Center, WA	중	중간/부드러움
Pearl Bay	Suneshine Coast, Canada	중/대	낮음/달콤/오이향
Sunset Beach	Hood Canal, WA	중/대	보통/달콤/미네랄
★Kumamoto	WA/Humbolt Bay, CA	소	달콤/오이향/고급품종
★Olympia	Washington	극소	달콤/셀러리향/미네랄

활기찬 동네 식당

FISH - SINCE 1998

시푸드
그리니치빌리지

블리커 스트리트 중심부의 **피쉬**는 어부의 고깃배를 연상케 하는 인테리어가 매력인 작은 시푸드 전문점이다. $8에 와인 한 잔과 오이스터 6개를 제공하는 해피아워 무렵부터 사람들이 몰리기 시작해 밤늦게까지 북적이는 유쾌한 곳으로, 큰 가격부담 없이 뉴욕의 오이스터바를 경험해보고 싶은 사람에게 제격이다.

뉴욕에서 가장 흔히 먹는 블루포인트, 웰플릿 등 10여 종의 오이스터를 갖췄고, 여럿이 먹어도 충분한 사이즈의 파에야, 메릴랜드 크랩케이크와 블루크랩 같은 시즌성 메뉴도 충실하다.

PRICE | $$ (오이스터 개당 $1.5~2.5, 메인메뉴 $14~20) OPEN | 매일 12:00~23:00 ADD | 280 Bleecker Street
WEB | www.fishrestaurant.nyc SUBWAY | 지하철 Christopher St (1호선) MENU | East Coast Oysters, Maryland Crab Cake, Paella (3~4인용) KEYWORD | 예약불가, 해피아워, 웨이팅

스페인식 해산물 요리

CASA MONO - SINCE 2004

스페인
그래머시

한적한 그래머시 골목 모퉁이에 자리 잡은 **카사 모노**는 제대로 된 스페인 요리를 맛볼 수 있는 미슐랭 원스타 레스토랑이다. 총괄 셰프 앤디 너서 Andy Nusser는 살바도르 달리의 고향, 스페인 까다께스 출신이다. 다양한 재료를 타파스(술과 곁들여 먹는 스페인의 전채요리) 스타일의 스몰디쉬로 내놓는데, 특히 해산물을 사용한 레이저클램(맛조개)이 유명하다. 바로 옆의 와인바 Bar Jamon과 600여 종의 와인리스트를 보유하고 있어, 와인 애호가 사이에서도 인기가 높다.

PRICE | $$$ OPEN | 매일 12:00~24:00 ADD | 52 Irving Place (125 E 17th Street) WEB | casamononyc.com
SUBWAY | 지하철 14St-Union Sq MENU | Razor Clams a la Plancha(맛조개), Scallops (관자), Grilled Dorada (황새치)
KEYWORD | 미슐랭☆, NYT☆☆☆, 타파스, 마리오 바탈리 계열

AQUAGRILL @ 소호

PRICE | $$$ WEB | www.aquagrill.com ADD | 210 Spring Street
OPEN | 해피아워 없음

진정한 오이스터 마니아라면 퀄리티 면에서 톱으로 손꼽히는 오이스터바를 갖춘 **아쿠아그릴**을 놓칠 수 없다. 부부인 제레미 & 제니퍼 마셜 셰프가 운영하는 로맨틱한 분위기의 시푸드 레스토랑. 동부와 서부 연안의 오이스터뿐 아니라, 뉴질랜드나 유럽산까지, 다양하고 풍부한 서른 가지 정도의 리스트를 매일 로테이션한다. 와인과 오이스터를 곁들인 데이트 장소에 딱 맞는다.

CULL & PISTOL @ 첼시마켓

PRICE | $$ WEB | cullandpistol.com
OPEN | 해피아워 : 평일 16:00~18:00

작지만 알찬 첼시마켓의 **컬앤피스톨**은 랍스터 플레이스의 오너가 직접 운영해 해산물이 정말 싱싱한 편. 어디서나 흔히 먹을 수 있는 블루포인트 같은 종류보다는 동부 연안의 특이한 오이스터를 다양하게 구비해두었다.
'Cull'은 집게발이 하나뿐인 랍스터를 뜻하는 단어. 일반 랍스터(Pistol)보다 가격이 저렴하다.

JOHN DORY OYSTER BAR @ 플랫아이언

PRICE | $$$ WEB | www.thejohndory.com OPEN | 해피아워: 평일 17:00~19:00, 주말 12:00~15:00

에이스 호텔의 **존 도리 오이스터바**는 공 모양의 수조에서 열대어가 헤엄치고, 통유리창으로 된 환한 인테리어의 모던한 고급 바로 이름이 알려졌다. 존 도리는 몸통에 둥근 점이 있어 '달고기'라 불리는 흰살 생선이다. 오이스터바 자체는 그리 크지 않으며, 그때그때 인기 있는 품종 6~7가지를 가져다놓는 편이다.

유쾌한 뉴욕의 밤

태번

Tavern

#한잔해요 #분위기만점
#뉴요커놀이

뉴욕의 라이프스타일을 들여다보고 싶다면 퇴근 시간 무렵, 술과 음식을 파는 유럽식 주점 태번을 방문해보자. 삐걱거리는 우든 인테리어와 벽면 가득 술병이 진열된 멋진 바가 인상적인 태번은 낮에는 버거, 랍스터롤 같은 식사를 파는 아메리칸 다이너 역할을, 저녁에는 퇴근한 직장인들이 술잔을 기울이는 지역의 커뮤니티 역할을 한다. 뉴욕 태번의 역사는 맨해튼에 네덜란드인이 처음 정착했을 무렵인 1600년대로 거슬러 올라간다. 미국 독립, 남북전쟁, 금주령 시대를 거치면서 수없이 많은 사건과 놀랄 만한 이야기를 간직한 현장이기도 한 것이다.

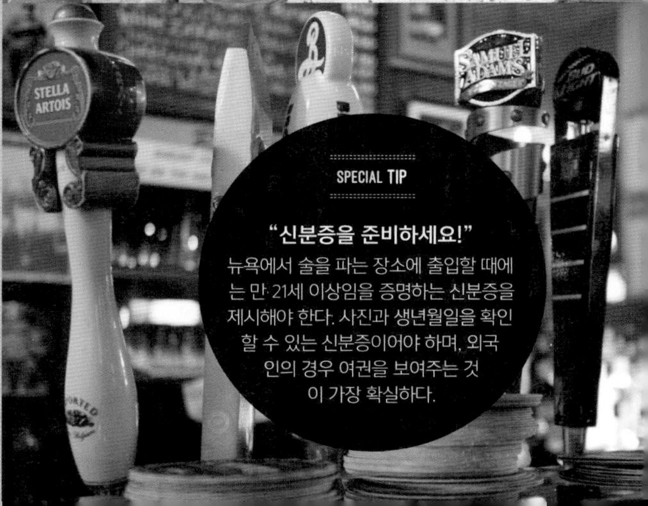

SPECIAL TIP

"신분증을 준비하세요!"

뉴욕에서 술을 파는 장소에 출입할 때에는 만 21세 이상임을 증명하는 신분증을 제시해야 한다. 사진과 생년월일을 확인할 수 있는 신분증이어야 하며, 외국인의 경우 여권을 보여주는 것이 가장 확실하다.

에일 전문 아이리시 펍

MCSORLEY'S OLD ALEHOUSE - SINCE 1854

아이리시 펍
이스트빌리지

맥솔리스 올드 에일하우스는 링컨 대통령과 존 레넌 등 다양한 계층의 유명 인사들이 거쳐 간, 뉴욕에서 가장 오래된 아이리시 펍Pub이다. 1970년까지는 여성의 출입이 금지된 사교 클럽이었다. 1910년 이후 장식품을 한 번도 교체하지 않았다고 하며 옛 신문 기사와 골동품이 빼곡하게 장식되어 있고 낮은 가격 덕분에 젊은 층에도 큰 사랑을 받고 있다.

맥주는 라이트 에일과 다크 에일, 단 두 종류뿐이고 안주류도 간소하다. 유럽 스타일의 홉을 사용해 바디감이 가볍고 산뜻한 다크 에일을 추천한다. 웨이터가 맥주를 가져다주면 그 자리에서 바로 계산한다. 테이블 회전이 무척 빠른 편으로 서비스는 투박하지만, 여기저기서 터져 나오는 웃음과 노랫소리가 뉴욕의 밤을 수놓는다.

PRICE | $ (현금 결제, 에일 $5.5) OPEN | 매일 11:00~01:00 WEB | mcsorleysoldalehouse.nyc
ADD | 15 E 7th Street SUBWAY | 지하철 Astor Pl (6호선) MENU | McSorley's Dark Ale, Light Ale, Cheese Plate

조지 워싱턴의 흔적이 담긴

FRAUNCES TAVERN - SINCE 1762

레스토랑&태번
로어맨해튼

프런시스 태번의 전신은 새뮤얼 프런시스가 운영하던 퀸스헤드Queen's Head라는 선술집이었다. 미국 독립혁명을 이끈 비밀결사대Sons of Liberty의 은신처 역할을 했으며, 미국의 초대 대통령 조지 워싱턴 장군이 승리를 기념하는 연회를 열었던 의미 깊은 장소다.

맨해튼에서 가장 오래된 건물로 알려진 태번의 2층에는 조지 워싱턴에 관한 사료를 전시하는 작은 박물관이 있고, 1층은 200여 종의 위스키를 보유한 '딩글 위스키바', 140여 종의 크래프트 비어를 파는 '포터하우스바', 연회장 분위기의 레스토랑 섹션으로 나누어 운영하고 있다. 방문 시간에 따라 조금씩 분위기의 차이는 있으나 대체로 차분한 편이다.

PRICE | $$($) OPEN | 매일 11:00~01:00 (주말 03:00까지) WEB | www.frauncestavern.com ADD | 54 Pearl Street
SUBWAY | 지하철 Bowling Green (4, 5호선) 또는 South Ferry (1호선) MENU | 아일랜드 브루어리에서 수입하는 페일몰트 맥주

PJ CLARKE'S @ 미드타운 이스트, Since 1884

PRICE | $$ OPEN | 11:30~04:00 WEB | pjclarkes.com ADD | 915 3rd Avenue SUBWAY | 지하철 Lexington Av/ 53 St (E, M호선)
프랭크 시내트라와 재클린 케네디의 단골집 **피제이 클락스**는 재즈 뮤지션 냇 킹 콜이 '버거의 캐딜락'이라는 찬사를 보냈다는 치즈버거로 한 세기를 풍미했다. UN 본부와 가까운 미드타운이스트 본점을 방문해야 제대로 된 올드 태번의 분위기를 느낄 수 있다. 사람들이 모이는 시간, 볼륨감 있는 식사와 맥주 한잔 하면서 왁자지껄하고 유쾌한 뉴욕의 저녁을 즐겨 보자.

PETE'S TAVERN @ 그래머시, Since 1864

PRICE | $$$ WEB | www.petestavern.com ADD | 129 E 18th Street SUBWAY | 지하철 Union Sq (4, 5, 6, N, Q, R, W호선)
금주령 시대에도 꽃집으로 위장해 운영하며 명맥을 이어 온 **피츠 태번**. 뉴욕에서 가장 오래된 태번의 지위를 두고 맥솔리스와 경쟁한다. 소설가 오 헨리가 그의 단편 《크리스마스의 선물》을 집필했다는 일화가 있고, 드라마 '섹스 앤 더 시티'에서 미란다가 스티브에게 프러포즈를 한 장소로도 유명하다.

뉴욕의 맥주 공장 투어

BROOKLYN BREWERY - SINCE 1984

양조장
브루클린(윌리엄스버그)

맨해튼의 로어이스트와 강 건너편 브루클린의 윌리엄스버그는 독일 출신의 이민자가 많이 정착했던 지역이다. 그 영향으로 윌리엄스버그에는 한때 밀워키, 세인트루이스와 더불어 미국 3대 맥주 생산지로 불릴 정도로 양조장이 많았으나, 1976년을 기점으로 모두 문을 닫았다. **브루클린 브루어리**는 사라진 뉴욕의 맥주를 되찾기 위해 1988년 새롭게 문을 연 맥주 공장이다. 드라이 홉으로 만든 올몰트 맥주 브루클린 라거는 단기간에 뉴욕의 대표 브랜드로 자리 잡았고 국내에도 많은 팬을 확보했다.

공장 1층에 마련된 넓은 테이스팅 룸은 금요일부터 주말 사이에는 더없이 흥겨운 비어홀로 변신한다. 입구에서 토큰을 사서 바에 제시하고 맥주를 받는 방식. 맥주 애호가라면 월~목요일 오후 5시의 양조장 투어에 참여해 보자.

PRICE $ (현금 결제, 팁 필요 없음) OPEN 테이스팅룸 금요일 18:00~23:00, 토요일 12:00~20:00, 일요일 12:00~18:00, 평일 투어 월~목요일 17:00 (성인 $15, 온라인 예약 필수), 주말 투어 토요일 13:00~17:00 및 일요일 14:00~16:00 (무료, 30분 간격) WEB www.brooklynbrewery.com ADD 79 N 11th Street SUBWAY 지하철 Bedford Av (L호선)
MENU 토큰 1개 $5, 4개 $20 (토큰 1개: 일반 맥주, 2개: 알코올 함량이 높은 맥주, 3개: 기념 맥주잔)

월스트리트 부근의 유럽풍 골목

STONE STREET - SINCE 1794

먹자골목
로어맨해튼

구불구불 미로처럼 얽힌 뉴욕의 옛 골목 사이에 숨어 있는 **스톤 스트리트**는 말 그대로, 바닥에 코블스톤이 깔린 돌길이다. 네덜란드인이 뉴욕을 점령한 1658년경 만들어진 뉴욕 최초의 포장도로로서, 양옆으로는 당시의 건축양식을 그대로 보여주는 네덜란드풍 건물들이 늘어서 있다. 1층은 대부분 태번과 레스토랑으로 운영 중이다. 봄부터 가을 사이에는 저마다 거리에 테이블을 내놓아 마치 하나의 거대한 노천 레스토랑처럼 북적인다. 저녁에 불이 켜지면 특히 아름답고, 근처 월스트리트 직장인들도 즐겨 찾는 숨은 명소다.

주요 레스토랑

- Delmonico's 스테이크하우스 P.150
- Crepes du Nord 크레이프 카페
- Adrienne's Pizzabar 올드스타일 피자
- Stone Street Tavern 아이리시 펍
- Luke's Lobster 랍스터롤 전문점 p.103

ADD | Stone Street Historic District SUBWAY | 지하철 Bowling Green (4,5호선)의 황소상 뒤편의 Beaver Street를 따라 도보 10분

Dominique Ansel Kitchen P.58 © Lam Thuy Vo

CHAPTER 4

Coffee & Desserts

여행의 쉼표,

커피

New york Coffee

#커피타임 #카페놀이
#스페셜티커피

뉴욕은 대표적인 커피 브랜드를 모두 맛볼 수 있는 커피 마니아의 천국이다. 더 맛있는 커피를 내놓기 위해 콜드 브루와 핸드드립같이 차별화된 추출방식을 강조하고, 고급 원두로 만든 스페셜티 커피를 선보인다. 소품 하나에도 섬세한 감각이 돋보이는 카페에서의 차분한 오후를 위해, 뉴욕의 커피 브랜드를 특징별로 정리했다.

美食 TALK

스페셜티 커피란?

커피는 가볍게 마시는 음료의 개념을 넘어서 고급 기호품의 하나로 발전했다. 커피 품질의 고급화를 추구하는 움직임을 '커피, 제3의 물결Third Wave of Coffee'이라 부르기도 한다. 고급 커피를 의미하는 '스페셜티 커피'란 미국 스페셜티 커피 협회Specialty Coffee Association of America가 정한 기준에 따라 100점 만점 중 80점 이상을 받은 커피를 말한다.

1982년 창립된 이 협회는 커피 품질의 향상을 위해 이상적인 온도와 환경에서 자라 결함이 적고, 생산지가 분명한 커피 원두를 대상으로 평가를 진행한다. 생두Green Coffee의 구입부터 커핑Cupping과 테이스팅Tasting, 로스팅Roasting과 브루잉Brewing, 패키징Packaging까지 전 과정에 걸쳐 세밀한 기준을 정해놓아, 커피가 소비자에게 전달되기까지의 모든 과정을 관리하려는 노력이 돋보인다.

스페셜티 커피에 적합한 커피 생산지로는 콜롬비아, 에티오피아, 케냐, 파나마 등이 유명하며, 스페셜티 커피 3대 브랜드로는 포틀랜드의 스텀프타운, 시카고의 인텔리젠시아, 노스캐롤라이나의 카운터 컬처가 손꼽힌다. 뉴욕에는 이 세 브랜드의 직영점이 모두 진출해 있다.

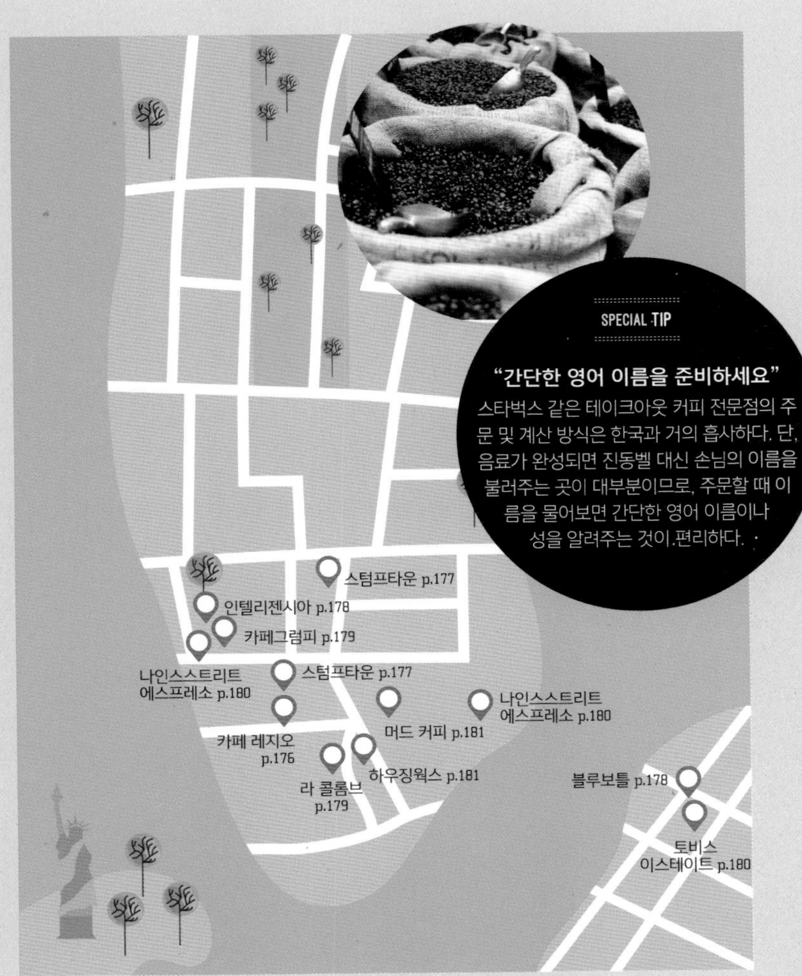

SPECIAL TIP

"간단한 영어 이름을 준비하세요"

스타벅스 같은 테이크아웃 커피 전문점의 주문 및 계산 방식은 한국과 거의 흡사하다. 단, 음료가 완성되면 진동벨 대신 손님의 이름을 불러주는 곳이 대부분이므로, 주문할 때 이름을 물어보면 간단한 영어 이름이나 성을 알려주는 것이.편리하다.

1 미국 최초의 카푸치노 CAFFEE REGGIO

1927년 오픈 당시 이탈리아에서 유행하던 카푸치노 메뉴를 미국 최초로 들여왔다는 **카페 레지오**. 워싱턴스퀘어파크 남서쪽, 전통 있는 카페와 재즈클럽이 즐비한 맥두걸 스트리트 초입에 초록색 캐노피가 눈에 띈다. 초창기 모습이 온전히 보존된 실내에는 1902년산 에스프레소 머신도 보이고, 메디치 가문의 의자와 카라바지오풍의 16세기 이탈리아 유화 장식이 고풍스럽다. 단골들이 꾸준하게 찾아오는 낭만적인 카페.

KEYWORD | 미국 최초의 카푸치노 ORIGIN | 뉴욕, 1927 TYPE | 앤티크 OPEN | 매일 08:00~03:00 SEATING | 있음 WIFI | 가능 ADD | 119 MacDougal Street WEB | www.caffereggio.com

2 킨포크 감성 카페 STUMPTOWN COFFEE ROASTERS

최고 품질의 원두를 12시간 이상 차가운 물로 추출한 콜드 브루 커피로 유명한 **스텀프타운**은 품질 관리가 매우 철저해 뉴욕에도 매장이 단 두 곳뿐이다. 한인타운 부근의 부티크 호텔 로비의 카페가 스타일리시함을 부각했다면, 대문호 잭 케루악과 앨런 긴즈버그가 오가던 옛 서점의 분위기를 그대로 유지한 워싱턴스퀘어의 카페는 편안하고 따스하다.

매장에서는 라테, 마키아토, 카푸치노, 아메리카노 등의 커피를 주문하거나 병에 든 콜드 브루, 우유가 들어간 커피 위드 밀크, 질소nitrogen를 주입한 니트로 콜드 브루 같은 완제품을 구입할 수 있다. 원두 중에서는 라틴 아메리카와 동아프리카, 인도네시아의 원두를 블렌드한 Hair Bender를 추천한다. 과일향이 나고 초콜릿 뒷맛으로 마무리해주는 스텀프타운의 대표 블렌드다. 미디엄 로스트를 원칙으로 하는 스텀프타운의 커피는 깔끔한 맛을 추구하는 편이나, 강한 로스팅을 원한다면 French Roast를 선택할 것.

KEYWORD | 3대 스페셜티 커피 ORIGIN | 포틀랜드, 1999 TYPE | 스타일리시/아늑함 OPEN | 매일 07:00~20:00 SEATING | 있음 WIFI | 있음 ADD | ACE 호텔 내부 20 W 29th Street, 그리니치빌리지 30 W 8th Street WEB | www.stumptowncoffee.com

3 첼시의 차분함이 담긴 INTELLIGENTSIA COFFEE

첼시의 조용한 부티크 호텔 '하이라인'의 정원과 로비, 뒤뜰에 좌석을 마련한 **인텔리젠시아** 카페는 낭만 그 자체. 10번가 방향 정원에는 1963년형 시트로앵 트럭을 개조한 미니바와 야외 테이블이, 호텔 안의 로비에는 커피스테이션이 있다. 한쪽 코너에서 커피와 잘 어울리는 디저트를 선별해 판매한다.

KEYWORD | 3대 스페셜티 커피 **ORIGIN | 시카고, 1995 TYPE | 아늑하고 조용함 OPEN | 매일 07:00~18:00 SEATING | 야외, 호텔 로비 좌석 WIFI | 있음 ADD | 첼시 180 10th Avenue WEB | www.intelligentsiacoffee.com**

4 문화를 마시다 BLUE BOTTLE

샌프란시스코 현대미술관의 '몬드리안 케이크' 카페로도 유명했던 **블루보틀** 커피. 매장마다 로스팅 설비를 갖추고 있으며 48시간 이내에 로스팅한 유기농 원두만을 사용하는 대표적인 스페셜티 커피 전문점이다. 주문 즉시 그 자리에서 핸드드립으로 내려주는 것이 특징. 뉴욕 블루보틀 커피의 1호점인 윌리엄스버그에 이어 맨해튼 록펠러센터, 브라이언트파크에도 지점을 열면서 성장하고 있다. 겨울에는 라테, 여름에는 New Orleans Cold Brew(홀밀크, 케인슈거가 들어간 아이스커피)를 추천한다.

KEYWORD | 즉석 핸드드립
ORIGIN | 샌프란시스코, 2010 TYPE | 아늑함(브루클린점), 모던(그 외) OPEN | 매일 07:00~19:00 SEATING | 약간 WIFI | 없음 ADD | 윌리엄스버그 160 Berry St., Brooklyn WEB | bluebottlecoffee.com

5 소호 느낌 그 자체 LA COLOMBE COFFEE ROASTERS

라 콜롬브의 특별한 커피를 마시기 위해 사람들은 작은 카페에 줄지어 선다. 맨해튼 내 여러 매장 중 가장 힙한 놀리타점을 중심으로 입소문을 탔고, 맥주처럼 거품을 낸 드래프트 라테(아이스)가 뉴욕을 휩쓸었다. 따뜻한 커피를 주문하고 테이크아웃 대신 'For Here'를 선택하면 독특한 무늬의 커피잔에 담아준다.

KEYWORD | 드래프트 라테 ORIGIN | **필라델피아, 1994** TYPE | **스타일리시** OPEN | **평일 07:30~18:30(주말 08:30부터)** SEATING | **적음(놀리타), 있음(소호)** WIFI | **없음** ADD | 소호점 154 Prince Street, 놀리타점 270 Lafayette Street WEB | lacolombe.com

6 아늑하고 예쁜 동네 카페 CAFÉ GRUMPY

심술 맞은 표정의 귀여운 로고가 인상적인 **카페 그럼피**는 빠른 성장보다는 퀄리티와 분위기 유지를 택한 뉴욕의 로컬 브랜드. 직접 고른 고급 원두를 브루클린에서 로스팅하며, 싱글 컵 브루잉 방식을 뉴욕에서는 처음으로 사용했을 만큼 많은 노력을 기울인다. 첼시점은 밝은 오렌지색 벽과 따사로운 햇볕이 조화로운 타운하우스에, 가장 최근 오픈한 놀리타점은 1856년에 지어진 유서 깊은 건물에 입점해 있다.

KEYWORD | 싱글 컵 브루잉 ORIGIN | **뉴욕, 2005** TYPE | **조용, 정원 같은 카페, 노트북 금지** OPEN | **매일 07:00~20:00** SEATING | **있음**
ADD | 첼시점 224 W 20th Street, 놀리타점 177 Mott Street

7 첼시마켓에 왔다면 꼭
NINTH STREET ESPRESSO

나인스 스트리트 에스프레소는 향이 깊고 맛이 좋은 커피로 정평이 난 뉴욕 최초의 스페셜티 커피 바. 오로지 커피에만 집중하겠다는 미니멀리즘을 추구해 메뉴는 에스프레소, 에스프레소 위드 밀크, 아메리카노, 아이스 아메리카노 네 가지뿐이다. 본점은 알파벳 시티에 있으며 첼시마켓 매장의 접근성이 좋다. 컵 사이즈를 선택해 농도를 지정할 수 있으며, 우유가 듬뿍 들어간 '에스프레소 위드 밀크'를 추천한다.

KEYWORD | 심플한 메뉴 ORIGIN | **뉴욕, 2001** TYPE | **첼시마켓 내의 작은 바** OPEN | 매일 08:00~20:00(일요일 09:00~19:00) SEATING | 없음 ADD | 첼시점 75 9th Ave, 로어이스트 본점 700 E 9th Street WEB | www.ninthstreetespresso.com

8 윌리엄스버그 대표 카페
TOBY'S ESTATE

영화 '인턴'에 등장했던 **토비스 이스테이트**에서는 맨해튼보다 공간적인 여유가 많은 윌리엄스버그의 여유가 느껴진다. 창고형 건물을 개조해 만든 넓은 카페의 전면 유리창을 통해 햇살이 환하게 비쳐들고, 테이블도 많이 배치해 노트북을 들고 소파에 푹 파묻힌 사람들도 눈에 띈다. 윌리엄스버그점에서는 콜롬비아와 아프리카 원두를 블렌딩한 Bedford Espresso를 사용하며, 매장에서 자체 로스팅/ 패키징까지 하여 맨해튼의 체인에 조달한다.

인근의 **데보시옹**(Devoción, devocion.com)은 콜롬비아 원두만을 사용하는데, 분위기 면에서 토비스 이스테이트와 쌍벽을 이루는 윌리엄스버그의 힙한 카페다.

KEYWORD | 윌리엄스버그의 여유 ORIGIN | **시드니, 2001** TYPE | **인더스트리얼. 밝음.** OPEN | 매일 07:00~19:00 SEATING | 많음 WIFI | 있음 ADD | 윌리엄스버그 125 North 6th Street WEB | tobysestate.com

9 커피향 은은한 도서관 HOUSING WORKS

책과 커피가 공존하는 **하우징웍스**는 뉴욕에서 가장 유명한 북 카페이자 중고서점이다. 높은 천장까지 책으로 가득해 도서관처럼 느껴지는 실내에 커피 향이 은은하게 감돈다. 쇼핑에 지칠 무렵 찾아가면 마음이 편안해지는 곳. 1층 바에서는 인텔리젠시아 커피와 맥주, 발타자르 베이커리의 빵으로 만든 샌드위치, 가벼운 핑거푸드를 판매한다.

KEYWORD | 북카페 **ORIGIN | 뉴욕, 1990 TYPE | 도서관 같은 북카페 OPEN | 매일 09:00~21:00(일요일 17:00까지) SEATING | 많음 WIFI | 있음 ADD |** 소호 126 Crosby Street **WEB |** www.housingworks.org

10 대학가의 커피트럭 MUD

뉴욕의 지하철 앞에는 커피를 파는 트럭이 무척 많은데, **머드 커피**는 '길거리 커피'의 수준을 혁신적으로 끌어올린 오렌지색 커피트럭이다. 자체 블렌드 커피를 이용한 '진흙처럼 진한 커피'가 이름의 유래다. 이스트빌리지의 Astor Place역 앞에서 주로 눈에 띄고, **머드 스폿**Mud Spot으로 불리는 정식 카페는 싸고 간단한 브런치 메뉴로 좋은 평을 받고 있다.

KEYWORD | 길거리 커피 **ORIGIN | 뉴욕, 2000 TYPE | 푸드트럭 OPEN | 트럭 불규칙, 카페 평일 07:30~24:00(주말 08:00부터) ADD |** 푸드트럭 Astor Place, 카페 307 E 9th Street **WEB |** onmud.com

향긋한 차와 신선한 주스

Tea & Juice

#티타임 #건강주스
#애프터눈티

영국과 아일랜드 출신 이민자가 많은 뉴욕에서는 티 문화도 발달하였다. 전 세계의 지명도 높은 티 브랜드를 대부분 접할 수 있으며, 달콤한 디저트와 함께 서빙되는 애프터눈 티 카페도 다양하다. 건강과 미용에 관심이 높은 뉴요커들 사이에서는 디톡스 주스와 프레시 주스바도 지속적인 인기를 얻고 있다.

➡ TEA ROOM

차의 향기에 매료된 사람이라면 [1] **하니앤선스**를 놓칠 수 없다. 1983년부터 티 블렌딩을 시작해 미슐랭 3스타 레스토랑 장조지에 납품할 만큼 품질을 인정받은 뉴욕의 로컬 브랜드. 소호의 플래그십 티룸에서는 합리적인 가격의 고급 스페셜티 블렌드와 다양한 음료를 판매한다. 테이스팅도 가능하고, 안쪽 라운지에서 먹는 스콘과 얼그레이 아이스크림도 평이 좋다.
세계 각국의 고급 티 브랜드와 원두를 취급하는 전문점으로는 120년 전통의 [2] **맥널티즈**가 있다.

100년의 역사를 가진 플라자 호텔 1층의 아름다운 레스토랑 [3] **팜코트**는 트레이 가득 쌓아 올린 핑거푸드와 즐기는 애프터눈 티로 유명하다. The New Yorker Tea라는 이름의 애프터눈 티 세트는 1인 기준 $70 이상의 고가. 더 소박한 장소를 찾는다면 그리니치빌리지의 [4] **보시티팔러**와 어퍼웨스트의 [5] **앨리스티컵**을 방문해 보자. 앨리스티컵은 동화 '이상한 나라의 앨리스'의 소품으로 가득해 아이들이 특히 좋아하는 티 전문점이다.

1 Harney & Sons @소호 PRICE | $$ WEB | harney.com ADD | 433 Broome Street
2 McNulty's @ 그리니치빌리지 PRICE | $$ WEB | mcnultys.com ADD | 109 Christopher Street
3 The Palm Court @미드타운 PRICE | $$$$ WEB | www.theplazany.com ADD | 768 5th Avenue
4 Bosie Tea Parlor @그리니치빌리지 PRICE | $$ WEB | bosienyc.com ADD | 10 Morton Street
5 Alice's Teacup @어퍼웨스트 PRICE | $$$ WEB | alicesteacup.com ADD | 102 W 73rd Street

---

➡ FRESH JUICE

신선한 과일과 채소를 즉석에서 갈아 마시는 건강 주스, 특히 콜드프레스 방식의 유행은 1996년 뉴욕 이스트빌리지의 [1] **리퀴테리아**에서 시작됐다. 뒤이어 [2] **주스제너레이션**이 여러 장소에 주스바를 오픈했고, 2007년 이후에는 디톡스를 위한 7일짜리 주스클렌즈 프로그램 열풍이 본격화됐다. 일반 마트 진열대에서 판매하는 제품도 있으나, 뉴요커들은 대부분 직접 배송해주는 제품을 선호한다.

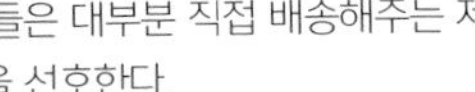

1 Liquiteria @이스트빌리지 PRICE | $ WEB | www.liquiteria.com
2 Juice Generation @뉴욕 전역 PRICE | $ WEB | www.juicegeneration.com

뉴욕이 만들고
세계가 맛보는

뉴욕 디저트

New york Dessert

#뉴욕치즈케이크 #레드벨벳
#디저트 카페

치즈케이크와 도넛, 컵케이크를 전 세계적으로 유행시켰으며 혁신적인 크로넛(p.58)을 탄생시킨 도시, 뉴욕. 감각적이고 현란한 비주얼의 디저트 사진이 끊임없이 SNS에 올라오고 뉴요커들은 몇 시간씩 줄 서는 수고를 마다치 않고 새로운 단맛을 찾아 나선다. 수천 대 일의 경쟁률을 뚫고 인정받은 뉴욕 최고의 디저트 맛집을 분야별로 소개한다.

SPECIAL TIP

서울에도 있다, 뉴욕 디저트!

뉴욕의 대표적인 Big 3 디저트. 도넛, 치즈케이크, 컵케이크의 오리지널 브랜드들이 국내에도 진출해 입을 즐겁게 한다. 뉴욕 본토의 맛과 서울의 매장에서 먹는 것은 어떻게 다를지, 비교해보는 것도 재미있지 않을까?

1 도넛 플랜트

아이디어 넘치는 알록달록한 도넛으로 유명한 뉴욕 로어이스트의 브랜드. 국내에는 프랜차이즈 형태로 들어왔다. 강남역, 종각역 등.

2 주니어스

뉴욕 브루클린의 전설적인 치즈케이크 주니어스는 미국에서 만든 케이크를 냉동 상태로 공수해 오는 방식으로 뉴욕과 크게 다르지 않은 맛을 느낄 수 있다. 코엑스 파르나스몰, 롯데백화점 본점.

3 매그놀리아

전 세계적 컵케이크 돌풍을 일으킨 뉴욕 그리니치 빌리지의 컵케이크 브랜드. 일본에 진출한 매그놀리아의 직원들이 국내에 기술 이전을 하는 형식으로 매일 매장에서 컵케이크가 만들어진다. 현대백화점 판교점, 삼성역점.

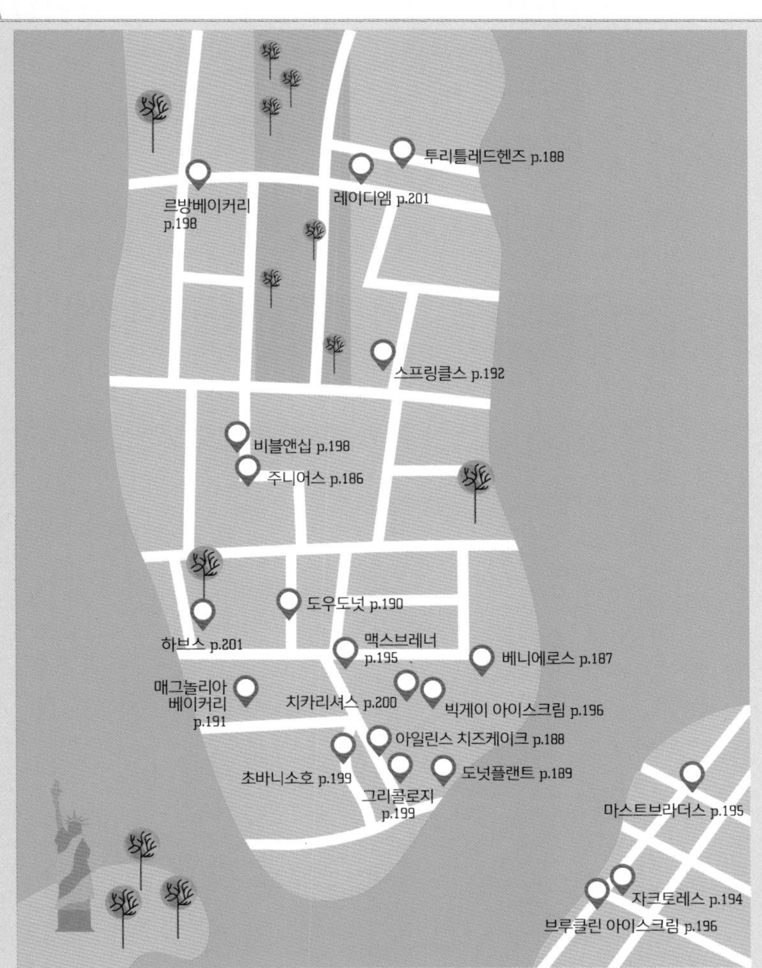

치즈케이크 CHEESECAKES

美食 TALK

"오리지널 뉴욕 치즈케이크란?"

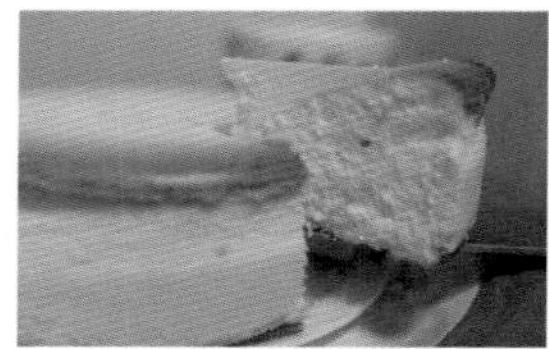

크림치즈를 듬뿍 넣어 유난히 부드러운 뉴욕 치즈케이크는 리코타 치즈나 마스카포네 치즈를 넣는 이탈리아 스타일, 시큼한 독일식 요거트를 넣는 서유럽 스타일과 구별된다. 뉴욕 치즈케이크의 오리지널 레시피를 처음 만든 사람은 아널드 루벤으로 알려져 있다. 크림치즈의 대량생산이 가능해진 1928년, 그는 브레이크스톤 사의 크림치즈를 이용한 치즈케이크를 만들어 유럽까지 수출했다. 이와 비슷한 시기에 린디스 Lindy's라는 전통 유대인 델리에서도 크림치즈를 사용한 치즈케이크를 만들었는데, 당시 치즈케이크의 베이스로는 크래커나 다이제스티브 같은 비스킷, 뉴저지의 그레이엄 크래커를 부순 바삭한 크럼블을 사용했다.

1 진한 클래식 뉴욕 치즈케이크
JUINOR'S @ 미드타운

1950년에는 기존의 과자 크럼블 대신 얇은 스펀지케이크를 베이스로 사용한 **주니어스** 치즈케이크가 등장해 뉴욕에서 큰 성공을 거뒀다. 밀도가 높고 진한 필링이 촉촉한 베이스를 만나 부드러움이 두 배! 딸기, 파인애플, 초콜릿 등 다양한 맛이 있는데, 역시 '플레인'으로 골라야 바닐라 향과 크림치즈 맛이 잘 느껴진다. 타임스스퀘어 한복판의 주니어스는 자정까지 손님으로 가득한 패밀리 레스토랑이며, 바로 옆 베이커리에서는 한 조각에 $7~8 정도인 치즈케이크를 테이크아웃으로 판다.

SINCE | 1950 WEB | www.juniorscheesecake.com ADD | **브루클린** 본점 386 Flatbush Avenue Extension, Brooklyn, 타임스스퀘어점 1515 Broadway, 미드타운점 Grand Central Station

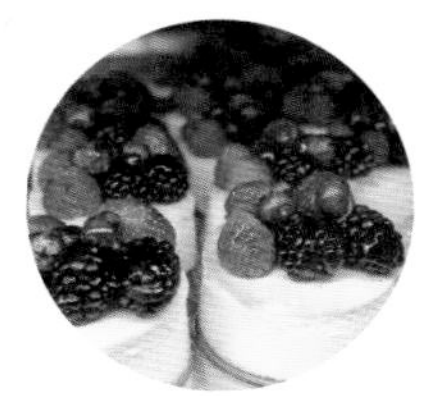

2 120년 전통의 이탈리아 제과점 VENIERO'S @ 로어이스트

수제 이탈리안 버터 쿠키, 비스코티, 치즈케이크, 카놀리 등 오리지널 이탈리안 페이스트리 전문점 **베니에로스**에서는 뉴욕식 치즈케이크와 리코타 치즈가 들어간 이탈리안 치즈케이크를 모두 맛볼 수 있다. 창업자 안토니오 베니에로는 뉴욕과 이탈리아 로마와 볼로냐에서 각종 수상 경력을 자랑하는 실력파였다. 1894년부터 4대에 걸쳐 체인점 없이 오로지 직영으로만 운영하며 가문의 비법 레시피로 퀄리티를 유지한다. 묵직한 목제 출입문과 대리석 바닥, 분위기 있는 제과점은 테이크아웃 섹션과 카페 섹션의 입구가 다르다. 케이크 한 조각에 $5 정도, 카페에 앉으면 팁이 추가된다.

SINCE 1894 WEB venierospastry.com ADD 342 E 11th Street SUBWAY 지하철 Astor Pl(6호선)에서 도보 10분

FERRARA @ 리틀이탈리아

SINCE 1892 WEB www.ferraranyc.com ADD 195 Grand Street

젤라토를 먹기 위해 줄을 서는 **페라라**. 치즈케이크, 카놀리 등 200여 종의 디저트 라인업도 갖췄다. 유쾌하고 떠들썩한 분위기가 리틀이탈리아다운 이탈리안 디저트 카페다.

3 숨은 고수의 손맛 TWO LITTLE RED HENS @ 어퍼이스트

시간이 난다면 **투리틀레드헨즈**의 치즈케이크와 컵케이크는 꼭 맛보기를 권한다. 로컬들이 퇴근 시간에 줄을 서서 기다릴 정도로 인기가 높고, 뉴욕 최고의 케이크 랭킹에도 꾸준히 오르내린다. 화려한 프로스팅으로 장식한 주문 제작 케이크, 촉촉한 컵케이크와 치즈케이크, 브루클린 블랙아웃으로 불리는 진한 초콜릿 케이크까지, 최고 수준의 맛을 자랑하는 아메리칸 베이커리다. 키친에서는 여전히 어머니와 아들이 케이크를 만들고 매장 규모도 작은 편.

WEB | twolittleredhens.com
ADD | 1652 2nd Avenue
SUBWAY | 지하철 86 St (4, 5, 6호선)에서 도보 10분

4 산뜻한 치즈케이크 전문점 EILEEN'S SPECIAL CHEESECAKE

@ 놀리타(소호)

치즈케이크 유행의 바통을 이어받은 주자는 소호의 **아일린스(에일린스)**. 이름난 브런치 가게가 많은 소호와 놀리타의 경계에 있다. 기존의 진한 뉴욕 치즈케이크와 달리 입에 넣자마자 녹아내리는 가뿐한 맛과 화려한 색상의 토핑으로 인기를 얻은 치즈케이크 전문점이다. 1인용 미니 타르트의 가격은 $3.5~5. 매장이 매우 협소하다.

SINCE | 1975 WEB | www.eileenscheesecake.com ADD | 17 Cleveland Place SUBWAY | 지하철 Spring St(6호선)

도넛 DOUGHNUTS

美食 TALK

도넛이 세계적인 간식이 되기까지

기름에 튀긴 달콤한 빵, 도넛. 미국에 정착한 네덜란드인이 즐겨 먹던 올리쿠크O'liekoek가 도넛의 초기 형태였다는 설이 유력하다. 최초의 도넛 제조 기계를 만든 사람은 뉴욕 브로드웨이의 도넛 가게 메이플라워Mayflower의 주인이었다. 수제 도넛의 수요를 감당하기 어렵게 되자 대량생산이 가능한 기계를 발명했고 1930년대부터는 자동화 설비를 갖춘 공장까지 설립해 미 전역에 도넛을 판매하기 시작했던 것. 이쯤 되면 뉴욕을 도넛의 도시라고 불러도 틀린 말은 아닐 것이다.

1 뉴욕시티 1호점 DOUGHNUT PLANT @ 로어이스트

보스턴에 던킨 도너츠가 있다면 뉴욕에는 **도넛 플랜트**가 있다! 뉴욕의 한 지하실에서 밤새워 도넛을 만들고 다음 날 아침 자전거로 배달하던 청년의 가게는 20년 만에 뉴욕 대표 도넛 브랜드로 성장했다. 할아버지의 레시피를 바탕으로 끊임없이 레시피를 연구한 결과였다. 시그니처 메뉴는 케이크 도넛, 크렘블레, 블랙아웃이다.

SINCE | 1994 WEB | doughnutplant.com ADD | 379 Grand Street SUBWAY | 지하철 Essex St (F, M, J, Z호선)

Photo courtesy of Doughnut plant

2 오픈키친에서 바로 만들어내는 DOUGH DOUGHNUTS @ 브루클린

SNS에 꾸준히 등장하던 브루클린의 커다랗고 예쁜 **도우 도넛**은 순식간에 입소문을 타고 맨해튼까지 진출했다. 두툼하면서도 폭신하고 하나만 먹어도 든든하다. 도우는 필요한 만큼의 재료를 준비하여 즉석에서 제조하는 수제 도넛으로, 플랫아이언과 브루클린의 매장은 도넛을 만들어 내는 생생한 모습을 볼 수 있도록 오픈키친으로 운영한다. 폴란드의 빵인 바브카와 도넛을 합친 도우카Doughka, 남미의 맛을 접목한 초콜릿 치폴레, 트로피칼칠레, 패션프루트, 둘세데레체, 히비스커스 추출물을 사용한 핑크 도넛, 카페오레 도넛 등 창의적인 메뉴가 많다.

SINCE | 2010 WEB | www.doughdoughnuts.com ADD | 브루클린 448 Lafayette Avenue, 플랫아이언 14 W 19th Street

컵케이크 CUPCAKES

Cupcake Craze, 컵케이크에 빠지다!

예쁜 프로스팅을 올린 찻잔 사이즈의 케이크. '버터 1컵, 설탕 2컵, 밀가루 3컵, 달걀 4개'를 넣어 만드는 것이 미국식 정석 레시피. 재료를 컵으로 쉽게 계량할 수 있다고 하여 '컵케이크' 또는 '1-2-3-4 케이크'라는 애칭으로 불린다.

아이들 파티용으로 만들어주던 미국식 홈베이킹의 단골 메뉴 컵케이크가 뉴욕을 대표하는 디저트로 급부상한 것은 미디어의 영향이 결정적이었다. 드라마 '섹스 앤 더 시티'에서 주인공 두 명이 매그놀리아 베이커리 앞 벤치에 앉아 핑크색 컵케이크를 먹는 장면이 방영된 것. 그리니치빌리지 주택가 코너의 작은 동네 베이커리에 불과하던 매그놀리아는 하루 2,000개의 물량을 소화하며 컵케이크 열풍을 주도했다. 그 외에도 뉴욕에는 독창적인 아이디어로 경쟁하는 컵케이크 전문점이 많아 눈과 입을 즐겁게 한다.

1 컵케이크의 대명사
MAGNOLIA BAKERY @ 그리니치빌리지

SUMMARY | 섹스 앤 더 시티 속 그곳 SIGNATURE | 레드벨벳, 바나나 푸딩, 조각 케이크도 먹어보기 ORIGIN | 뉴욕, 1996 SEATING | 없음 ADD | 본점 401 Bleecker Street WEB | magnoliabakery.com

2 아메리칸 홈베이킹
BUTTERCUP BAKE SHOP @ 미드타운이스트

SUMMARY | 매그놀리아의 창업자 중 하나인 제니퍼 아펠의 가게 SIGNATURE | 레드벨벳, 스트로베리 컵케이크, 다양한 클래식 디저트 ORIGIN | 뉴욕, 1999 SEATING | 좌석없음 ADD | 본점 973 2nd Avenue WEB | www.buttercupbakeshop.com

3 60~70년대 카페분위기
SUGAR SWEET SUNSHINE BAKERY @ 로어이스트

SUMMARY | 다른 곳보다 $1정도 낮은 가격, 버터컵 점원이 오픈한 가게 SIGNATURE | 피스타치오, 펌킨, 바나나푸딩 ORIGIN | 뉴욕, 2002 SEATING | 좌석있음 ADD | 126 Rivington Street WEB | sugarsweetsunshine.com

4 크고, 맛있고, 팬시하다!
SPRINKLE @ 브룩필드플레이스

SUMMARY | 베벌리힐스에서 온 매력적인 컵케이크 SIGNATURE | 원색과 핑크색 컵케이크 ORIGIN | 할리우드, L.A.,2005 SEATING | 있음 ADD | 블루밍데일 백화점 건너편 WEB | sprinkles.com

5 핑크 감성의 사랑스러운 베이커리
GEORGETOWN CUPCAKES @ 소호

SUMMARY | TV리얼리티 쇼로 지명도를 쌓은 워싱턴 D.C의 대표 디저트 SIGNATURE | 매일 바뀌는 20여 종의 셀렉션 ORIGIN | 워싱턴 D.C., 2008 SEATING | 작은 카페 형태 ADD | 111 Mercer Steet WEB | www.georgetowncupcake.com

6 깜찍한 미니 컵케이크
BAKED BY MELISSA @ 소호

SUMMARY | 한입에 쏙 들어가는 앙증맞은 크기의 미니 컵케이크와 마카롱 SIGNATURE | 하나에 $1! 여러 가지 골라먹기 ORIGIN | 뉴욕, 2009 SEATING | 없음 ADD | 본점 63 Spring Street WEB | bakedbymelissa.com

7 예쁜 보드게임 카페
MOLLY'S CUPCAKES @ 그리니치빌리지

SUMMARY | 내 마음대로 디자인해 먹는 맞춤형 컵케이크 SIGNATURE | 빵, 프로스팅과 토핑을 고르면 즉석에서 만들어주는 방식 ORIGIN | 시카고, 2012 SEATING | 카페 WIFI | 있음 ADD | 228 Bleecker Street WEB | www.mollyscupcakes.com

1 프랑스에서 온 최고의 쇼콜라티에 JACQUES TORRES CHOCOLATE

@ 브루클린(덤보)

방금 만들어 낸 판초콜릿이 한가득 쌓여 있는 아기자기한 초콜릿 가게의 주인은 '미스터 초콜릿'이라는 별명을 가진 **자크 토레스**. 1986년, 프랑스의 최고 파티시에 장인(Meilleur Ouvrier de France Pâtissier) 칭호를 받은 실력파 페이스트리 셰프다. 리츠칼튼, 르 서크 등 쟁쟁한 레스토랑에서 일하다가 브루클린 덤보에 수제 초콜릿 전문점을 오픈했다. 디저트 레시피를 담은 저서도 출간했으며, 방송 출연도 활발하다. 2015년에는 레지옹 도뇌르 훈장을 받았다.

고급 수제 초콜릿뿐 아니라 뜨거운 코코아인 스파이시 핫초콜릿, 아이스크림 샌드위치 등 미국에 특화된 대중적인 메뉴로 사람들을 유혹한다. 여러 곳에 체인점을 갖고 있으며, 예쁜 선물용 제품이 많다.

SINCE 2000 **WEB** www.mrchocolate.com **ADD** 본점 66 Water Street, Brooklyn **SUBWAY** 지하철 High St (A, C호선)

2 감성을 더한 스페셜티 초콜릿
MAST BROTHERS @ 브루클린

카카오와 케인슈거(사탕수수 설탕)만으로 만드는 프리미엄 수제 초콜릿, **마스트 브러더스**. 윌리엄스버그 공장에서 최고급 코코아 빈을 로스팅하고 완제품까지 만들어내는 빈투바Bean-to-Bar 공정을 직접 진행한다. 미니멀한 패키징의 초콜릿 바가 전시된 매장은 세련된 미술관처럼 보인다. 초콜릿 공장 견학을 하려면 온라인으로 예약할 것.

SINCE | 2007 WEB | mastbrothers.com ADD | 111 N 3rd Street, Williamsburg, Brooklyn SUBWAY | 지하철 Bedford Av (L호선)

3 초콜릿으로 만들어진 모든 것
MAX BRENNER @ 유니언스퀘어

천장과 벽을 타고 연결된 기다란 파이프에서 끝없이 초콜릿이 흘러내리는 **맥스 브레너**는 세계적인 체인을 갖춘 초콜릿 전문 레스토랑이다. 초콜릿 퐁뒤와 초콜릿 피자, 초콜릿 파스타 같은 색다른 초콜릿 디저트 못지않게 유니언스퀘어의 자유분방한 활기가 기분을 좋게 하는 곳. 금요일과 주말 저녁이면 사람으로 가득해진다.

SINCE | 2006 WEB | maxbrenner.com ADD | 841 Broadway SUBWAY | 지하철 Union Sq (4, 5, 6호선)

아이스크림 ICE-CREAM

1 달콤짭짤한 소금맛 아이스크림 BIG GAY ICE CREAM SHOP

@ 이스트빌리지

길거리 트럭으로 시작한 **빅게이 아이스크림**이 뉴욕을 상징하는 대표적인 아이스크림 브랜드로 성장했다. 소프트 아이스크림 위에 갖가지 프로스트를 얹은 스페셜티콘의 매력은 단맛과 짠맛이 부드럽게 녹아드는 절묘함에 있다. 초콜릿과 둘세데레체 캐러멜로 코팅한 솔티핌프Salty Pimp, 트위스트 아이스크림과 누텔라콘, 휩크림을 듬뿍 얹은 먼데이 선데Monday Sundae가 시그니처 메뉴.

SINCE | 2009 WEB | biggayicecream.com ADD | 이스트빌리지 125 E 7th Street 그리니치빌리지 61 Grove Street

2 강변 공원의 명물 아이스크림 BROOKLYN ICE CREAM FACTORY

@ 브루클린

브루클린브리지 아래 하얀 목조 건물 하나가 눈에 띈다. 피자와 함께 덤보 지역의 대표 맛집으로 꼽히는 **브루클린 아이스크림 팩토리**. 시그니처 메뉴는 프랑스제 초콜릿 바리 칼레보Barry Callebaut가 포함된 초콜릿 청크 아이스크림이다. 자극적으로 달지 않은 아이스크림을 손에 들고 강 건너 맨해튼의 스카이라인을 감상해보자.

SINCE | 2001 WEB | www.brooklynicecreamfactory.com ADD | Fulton Landing Pier, Brooklyn SUBWAY | 지하철 High St (A, C호선)

3 뉴욕의 젤라토 연구소 IL LABORATORIO DEL GELATO

@ 로어이스트

무려 200여 가지의 상큼한 과일 소르베와 젤라토를 개발했다는 **일라보라토리오델젤라토**는 딘앤델루카, 머레이스 등의 이탈리안 계열 식료품점에 제품을 납품한다. 아이스크림 공장이 바쁘게 돌아가는 모습을 볼 수 있는 오픈키친 컨셉트의 가게는 카츠 델리 바로 옆에 있으므로, 식후 입가심으로 제격이다.

SINCE 2002 WEB www.laboratoriodelgelato.com ADD 188 Ludlow Street SUBWAY 지하철 2Av (F호선)

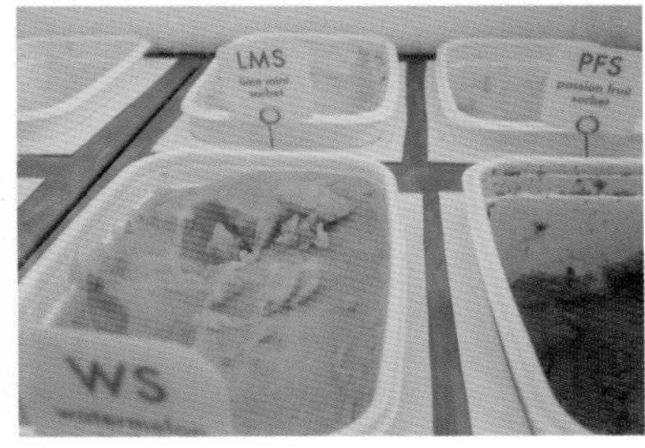

4 솜사탕처럼 살살 녹는 아이스크림 BEN & JERRY'S

@ 타임스스퀘어

미국 전역의 마트와 편의점에서 흔히 찾아볼 수 있는 아이스크림 브랜드 **벤앤제리스**는 타임스스퀘어에 플래그십 매장을 운영한다. 와플콘에 바닐라 아이스크림과 퍼지를 듬뿍 담은 아메리콘 드림Americone Dream, 솜사탕 조각이 아이스크림과 섞여 녹아내리는 코톤캔디Coton Candy 등이 대표 메뉴. 미국인의 입맛을 사로잡은 아이스크림의 진가를 확인해 볼 기회다.

SINCE 1977 WEB www.benjerry.com/timessquare ADD 200 W 44th Street SUBWAY 지하철 Times Sq-42 St (N, Q, R, W, 1, 2, 3, 7호선)

쿠키&스위츠 COOKIES & SWEETS

1 인생 쿠키를 맛보다
LEVAIN BAKERY @ 어퍼웨스트

르방 베이커리의 쿠키는 일반 쿠키의 약 3배 정도 사이즈로, 커다랗고 두툼하다. 반지하의 작은 매장 앞에는 늘 길게 줄이 이어지고, 오븐에서 갓 꺼낸 따끈한 쿠키는 빠르게 팔려나간다. 쿠키는 오트밀, 초콜릿월넛, 더블초콜릿, 초콜릿 피넛버터 네 가지뿐이다. 개당 가격은 $4.

SINCE | 1994 WEB | levainbakery.com ADD | 167 W 74th Street SUBWAY | 지하철 72 St (1, 2, 3호선)

2 요즘 인기 최고
BIBBLE & SIP @ 타임스스퀘어

프렌치 페이스트리에 말차Matcha, 재스민, 라벤더 같은 아시아의 향기를 섞어 뉴요커의 취향 저격에 성공한 **비블앤십**. 이름에는 눈치 보지 말고 유쾌하게 먹고 마시자는 의미가 담겨 있다. 정오에 맞춰 가면 갓 만들어진 대형 크림퍼프를 먹을 수 있고, 말차 바닐라 아이스크림과 라벤더 라테도 폭발적인 인기.

SINCE | 2015 WEB | bibbleandsip.com ADD | 253 W 51 Street SUBWAY | 지하철 50 St (C, E호선)

© Bibble&Sip

요거트 카페 YOGURT CAFÉ

1 소호의 스타일리시한 요거트 카페
CHOBANI SOHO @ 소호

초바니는 젊은 층의 취향을 완벽하게 파악한 그릭 요거트로 미국 시장을 석권한 유제품 브랜드다. 여러 가지 토핑을 요거트에 얹어서 먹는 스타일리시한 요거트 카페를 소호에 오픈해 핫플레이스로 만들었다. 메뉴 중에서 스위트Sweet는 블루베리나 라즈베리, 그래놀라, 꿀 등의 달콤한 토핑, 세이버리Savory는 후무스, 레드페퍼, 오이 등의 건강 토핑을 뜻한다.

SINCE | 2005 WEB | www.chobani.com ADD | 152 Prince Street SUBWAY | 지하철 Prince St (R, W호선)

2 항아리에 담아주는 정통 그릭 요거트
GREECOLOGIES @ 놀리타(소호)

그리스 전통 기법으로 만든 천연 수제 요거트 전문점 **그리콜로지**. 주문할 때에는 유청을 제거하지 않아 묽고 단맛이 강한 전통 요거트Traditional 또는 크리미하고 신맛이 나는 정제 요거트Strained 중 하나를 선택하고, 그 위에 프리저브(Preserve: 달콤한 시럽을 넣은 과일 절임)를 얹는다. 장미 꽃잎, 베르가모트, 소나무꿀 등 천연 재료로 만든 프리저브가 향기롭다. 풀만 먹여서 키운 소의 우유와 버터를 사용한 버터 커피도 그리콜로지에서만 맛볼 수 있다.

SINCE | 2015 WEB | www.greecologies.com ADD | 379 Broome Street SUBWAY | 지하철 Spring St (6호선)

특별한 디저트 카페 SPECIAL DESSERT CAFÉ

1 코스로 즐기는 디저트, CHIKALICIOUS DESSERT BAR

@ 이스트빌리지

치카리셔스 디저트바는 아메리칸 디저트에 스시바를 접목한 컨셉트. 테이블에 앉아 프렌치 코스요리처럼 즐기도록 한 고급 디저트 카페다. $16짜리 프리픽스 메뉴는 셰프가 정해주는 1 어뮤즈 부쉬Amuse-bouche, 본인이 선택하는 2 메인, 한 입에 쏙 들어가는 크기의 3 프티푸르 petits-fours 3코스로 구성되어 있고, 여기에 와인이나 티 페어링까지 가능하다.

바에서는 치카 셰프의 정성스러운 손끝에서 디저트가 완성되어가는 과정을 숨을 죽이고 지켜보게 된다. 시그니처 메뉴는 새하얀 치즈케이크. 화이트톤의 가게 분위기처럼 정갈하고 맛은 완벽하다.

SINCE 2003 **OPEN** 목~일요일 15:00~22:30 (월~수요일 휴무) **WEB** www.chikalicious.com **ADD** 203 E 10th Street **SUBWAY** 지하철 Astor Pl (6호선)

WHAT'S NEW?

가게 건너편의 치카리셔스 디저트 클럽은 180도 다른 분위기의 캐주얼 디저트 전문점. 추러스 모양의 콘에 담아먹는 아이스크림 콘추로, 푸딩처럼 부드러운 크레이프케이크, 스트로베리 쇼트케이크 선데가 인기 있다.

2 깔끔한 부티크 케이크의 대명사
LADY M CONFECTIONS @ 어퍼이스트

레이디 엠은 종잇장처럼 얇게 부친 크레이프에 가벼운 생크림을 발라 스무 겹 이상 쌓아 올린 최고급 크레이프 케이크를 크게 유행시킨 베이커리다. 어퍼이스트 본점은 수십 종의 케이크를 진열해 판매하는 부티크 케이크 매장으로 테이블의 수는 적은 편. 이외에도 브라이언트파크, 록펠러센터, 월드트레이드센터(4WTC), 노매드 등에 정식 매장이 있고, 미드타운의 플라자 호텔에도 작은 부스가 있다. 매장별로 하루 판매 수량이 정해져 있어 품질관리가 매우 잘 이뤄지는 편이다. 뉴욕 내 상당수 고급 레스토랑에 케이크를 납품하고 있다.

SINCE 2004 PRICE $ WEB www.ladym.com OPEN 평일 10:00~19:00 주말 11:00~18:00 ADD 본점 41 East 78th Street MENU Mille Crêpes, Red Velvet Cake

3 생과일이 듬뿍 들어간 고급 케이크
HARBS @ 첼시

일본 도쿄의 고급 베이커리 **하브스**가 좌석이 많은 깔끔한 티룸 스타일의 카페로 뉴욕에서도 큰 인기를 얻고 있다. 시그니처 메뉴는 크림 퍼프 스타일의 크러스트와 크림을 겹겹이 쌓고 신선한 과일로 속을 가득 채운 밀푀유 케이크. 한 조각에 10달러로 비싼 편이나, 레몬그라스 티, 일본식 유자 녹차, 아쌈 밀크티 등 다양한 차와 함께 즐길 수 있다는 점이 매력. 어퍼이스트에도 매장을 오픈했는데, 케이크는 모두 첼시 본점의 베이커리에서 만들어 낸다.

SINCE 2014 PRICE $$ WEB www.harbsnyc.com OPEN 매일 11:00~21:00 ADD 첼시 198 9th Avenue 어퍼이스트 3734 3rd Avenue MENU Strawberry Mille-feuille, Mille-feuille

INDEX

INDEX

- Anon., 2008. The Food Timeline: cake history notes. [Online] Available at: http://www.foodtimeline.org/foodcakes.html#1234cake [Accessed 30 8 2016].
- Berg, J., 2009. From the Big Bagel to the Big Roty?. In: Gastropolis, Food & New York City. by Hauck-Lawson. New York: Colombia University Press, p. 252.
- Coomes, S., 2014. Oyster Craze: Oyster Farms and Harvesters Are Struggling to Feed a Growing Restaurant Demand for the Shellfish. Seafood Business Magazine, 1 6.
- Dayton, A.C., 1897. Last Days of Knickbocker Life in New York. : G.P. Putnam's Sons, 1897. Electronic reproduction. New York, N.Y. : Columbia University Libraries, 2008. JPEG use copy available via the World Wide Web. Master copy stored locally on [5] DVD#: ldpd_6697373_000 01 to 05. Columbia University Libraries Electronic Books. 2006.
- De Silva, C., 2009. Fusion City. In: Gastropolis, Food & New York City by Hauck-Lawson. New York: Columbia University Press, p. 5.
- Dixler, H., 2014. The Porterhouse at Peter Luger Steakhouse in New York City. [Online] Available at: http://www.eater.com/2014/7/7/6196861/the-porterhouse-at-peter-luger-steakhouse-in-new-york-city [Accessed 1 6 2016].
- Eisenberg, L., 1979. America's Most Powerful Lunch. New York: Esquire.
- Frank, B., 2004. "Where Old Ghosts Fight for a Table," New York Times, 10 20.
- Harpaz, B. J., 2009. New York City is still crazy for cupcakes. [Online] Available at: http://usatoday30.usatoday.com/travel/destinations/2009-08-10-new-york-city-cupcakes_N.htm [Accessed 2016].
- Hauck-Lawson, A., 2009. Gastropolis, Food & New York City. New York : Columbia University Press.
- Mariani, John F., 1994. The Dictionary of American Food and Drink. New York: Hearst Books.
- McGee, H., 2004. On Food and Cooking. New York: Scribner.
- Michelin, 2015. The Michelin Guide New York City Restaurants 2016. Canada: Michelin.
- Parasecoli, F., 2009. The Chefs, the Entrepreneurs, and Their Patrons. In: Gastropolis, by Hauck-Lawson. New York: Columbia University Press, p. 116.
- Ranhofer, C., 1893. The Epicurean. s.l.: Martino Publishing, p.858.
- Rector, G., 1939. Dining in New York with Rector. New York: Prentice-Hall.
- Riffee, M., 2011. Tribes of New York. [Online] Available at: http://eastvillage.thelocal.nytimes.com/2011/03/30/tribes-of-new-york/ [Accessed 2016].
- Smith, A., 2015. Savoring Gotham. New York: Oxford University Press.
- Smith, Andrew F., 2009. The Food and Drink of New York from 1624 to 1898. In: Gastropolis, Food & New York City by Hauck-Lawson. New York: Columbia University Press, p. 43.
- USDA, 2016. [Online] Available at: http://www.fsis.usda.gov [Accessed 1 8 2016].
- Wells, P., 2012. Moving Ever Forward, Like a Fish. [Online] Available at: http://www.nytimes.com/2012/05/23/dining/reviews/le-bernardin-in-midtown-manhattan.html [Accessed 1 8 2016].

CREDITS

Photographs © Jang H. Park, with exception of the following;

Page 14 Chef Ripert (Nigel Parry)
Page 28 Estela (Tuukka Koski; Marcus Nilsson)
Page 30 Blue Hill (Susie Cushner; Thomas Delhemmes; Andre Baranowski; Ben Alsop)
Page 32 DBGB Kitchen and Bar (Guillaume Gaudet)
Page 62 Clinton St Baking Company
Page 66 Norma's
Page 67 Clinton St Baking Company
Page 72 DB Bistro Moderne
Page 76 Minetta Tavern (Emilie Baltz)
Page 77 Ai Fiori (Evan Sung; Noah Fecks)
Page 78 DB Bistro Moderne (E. Kheraj; Noah Fecks; Daniel Krieger)
Page 88 Juliana's (Biz Jones)
Page 104 Chipotle (Beth Galton; John Johnston)
Page 109 Westfield WTC
Page 127 Eataly NYC Downtown
Page 132 Café Boulud (Aliza Eliazarov)
Page 134 Daniel (Signe Birck)
Page 136 EMP (Francesco Tonelli; Signe Birck)
Page 138 Le Bernadin (Daniel Krieger; Francesco Tonelli; Shimon & Tammar)
Page 140 Daniel (T. Schauer; Eric Laignel; Signe Birck; MH Turkell; M. Hom)
Page 142 Marea (Altamarea Group)
Page 144 Babbo (Ken Goodman; Kelly Campbell)
Page 145 Momofuku (William Hereford; Gabriele Stabile)
Page 153 Gotham Bar & Grill
Page 172 Dominique Ansel Kitchen (Lam Thuy Vo)
Page 189 Doughnut Plant
Page 198 Bibble & Sip

*Shutterstock.com의 라이선스를 받고 사용된 이미지

Page 8~9 LTDean
Page 46~47, 표지 Stepanek Photography
Page 48 DronG
Page 49 Scott Rothstein
Page 49 6493866629
Page 49 Brooke Becker
Page 49 chuckstock
Page 49 Binh Thanh Bui
Page 49 Merrimon Crawford
Page 50 Kitamin
Page 55 Markus Mainka
Page 56 Pinkyone
Page 65, 91, 175, 185 Mio Buono
Page 74 kamin Jaroensuk
Page 84 Africa Studio
Page 90 margouillat photo
Page 97 pinkyone
Page 102 Joshua Resnick
Page 102 lavizzara
Page 146 Jyliana
Page 154, 표지 Beauty photographer
Page 160 Alexander Raths
Page 163 Lisovskaya Natalia
Page 174 Nick Starichenko
Page 174 Mygate
Page 182 Africa Studio
Page 184 Skumer
표지 HandmadePictures
표지 Kursat Unsal
표지 Evgeny Karandaev
별지 전도 dikobraziy

초판 1쇄 2016년 12월 12일

지은이 | 제이민

발행인 | 이상언
제작책임 | 노재현
편집장 | 이정아
에디터 | 안수정
마케팅 | 김동현 김훈일 한아름 이연지
교정 · 교열 | 전경서

디자인 | 렐리시, 르마
인쇄 | 성전기획

발행처 | 중앙일보플러스(주)
주소 | (04517) 서울특별시 중구 통일로 92 에이스타워 4층
등록 | 2007년 2월 13일 제2-4561호
판매 | 1588-0950
제작 | (02)6416-3890
홈페이지 | www.joongangbooks.co.kr

ISBN 978-89-278-0815-2 13980

중앙북스는 중앙일보플러스(주)의 단행본 출판 브랜드입니다.

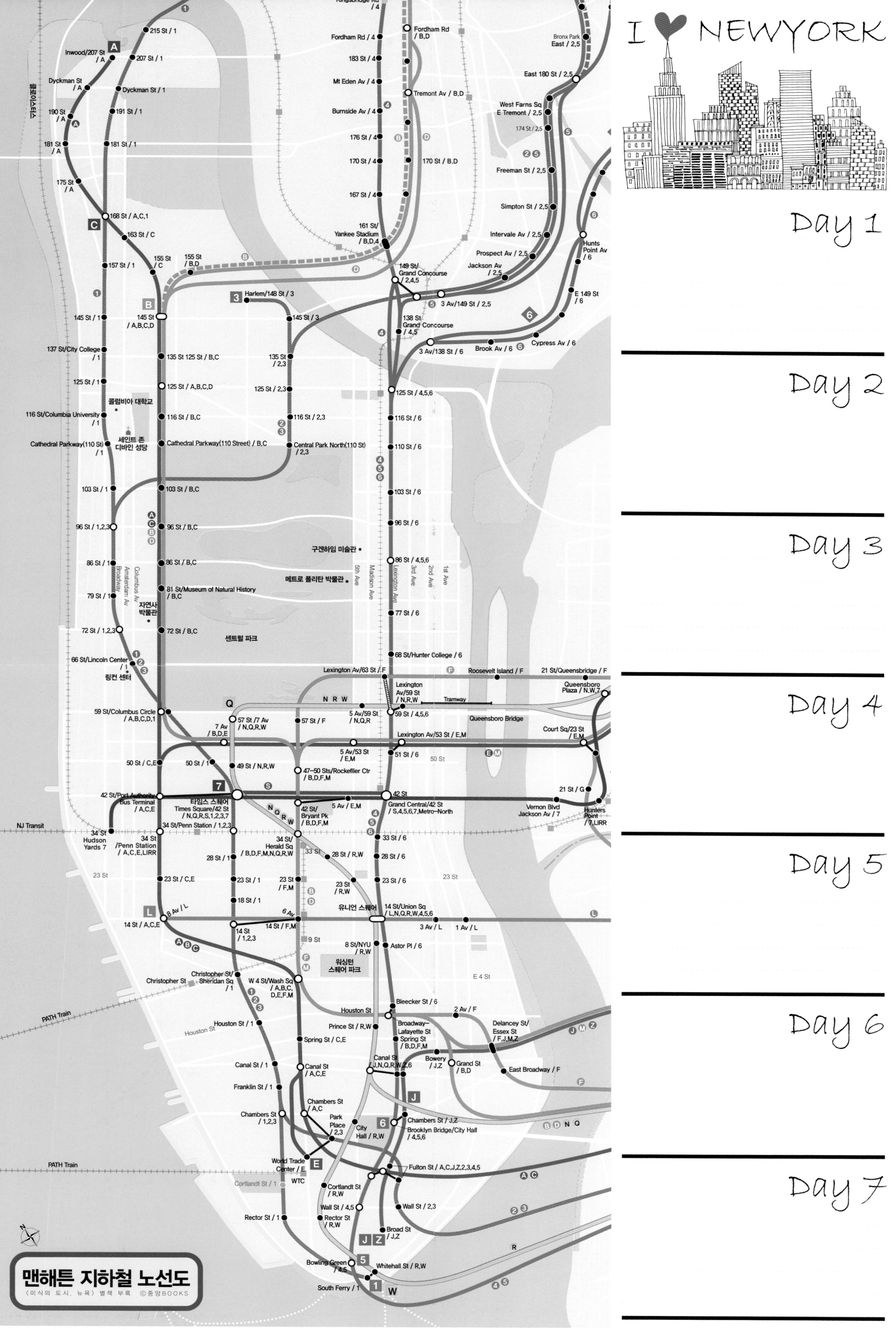

맨해튼 지하철 노선도
〈미식의 도시, 뉴욕〉 별책 부록 ⓒ중앙BOOKS
I ♥ NEWYORK
Day 1
Day 2
Day 3
Day 4
Day 5
Day 6
Day 7
215 St / 1
Inwood/207 St / A
207 St / 1
Dyckman St / A
Dyckman St / 1
190 St / A
191 St / 1
181 St / A
181 St / 1
175 St / A
168 St / A,C,1
163 St / C
157 St / 1
155 St / C
155 St / B,D
145 St / 1
145 St / A,B,C,D
Harlem/148 St / 3
145 St / 3
137 St/City College / 1
135 St 125 St / B,C
135 St / 2,3
125 St / 1
125 St / A,B,C,D
125 St / 2,3
컬럼비아 대학교
116 St/Columbia University / 1
116 St / B,C
116 St / 2,3
세인트 존 디바인 성당
Cathedral Parkway(110 St) / 1
Cathedral Parkway(110 Street) / B,C
Central Park North(110 St) / 2,3
103 St / 1
103 St / B,C
96 St / 1,2,3
96 St / B,C
구겐하임 미술관
86 St / 1
86 St / B,C
메트로 폴리탄 박물관
79 St / 1
81 St/Museum of Natural History / B,C
자연사 박물관
72 St / 1,2,3
72 St / B,C
센트럴 파크
66 St/Lincoln Center / 1
링컨 센터
59 St/Columbus Circle / A,B,C,D,1
Amsterdam Av
Columbus Av
Broadway
5th Ave
Madison Ave
Lexington Ave
3rd Ave
2nd Ave
1st Ave
Kingsbridge Rd / 4
Fordham Rd / 4
Fordham Rd / B,D
183 St / 4
Mt Eden Av / 4
Tremont Av / B,D
Burnside Av / 4
176 St / 4
170 St / 4
170 St / B,D
167 St / 4
161 St/ Yankee Stadium / B,D,4
149 St/ Grand Concourse / 2,4,5
3 Av/149 St / 2,5
138 St Grand Concourse / 4,5
3 Av/138 St / 6
125 St / 4,5,6
116 St / 6
110 St / 6
103 St / 6
96 St / 6
86 St / 4,5,6
77 St / 6
68 St/Hunter College / 6
Bronx Park East / 2,5
East 180 St / 2,5
West Farns Sq E Tremont / 2,5
174 St / 2,5
Freeman St / 2,5
Simpton St / 2,5
Intervale Av / 2,5
Prospect Av / 2,5
Jackson Av / 2,5
Hunts Point Av / 6
E 149 St / 6
Brook Av / 6
Cypress Av / 6
Lexington Av/63 St / F
Roosevelt Island / F
21 St/Queensbridge / F
Lexington Av/59 St / N,R,W
Tramway
Queensboro Plaza / N,W,7
59 St / 4,5,6
5 Av/59 St / N,Q,R
57 St / F
57 St /7 Av / N,Q,R,W
Queensboro Bridge
7 Av / B,D,E
Lexington Av/53 St / E,M
Court Sq/23 St / E,M
5 Av/53 St / E,M
51 St / 6
50 St
50 St / C,E
50 St / 1
49 St / N,R,W
47–50 Sts/Rockefller Ctr / B,D,F,M
21 St / G
42 St/Port Authority Bus Terminal / A,C,E
타임스 스퀘어
Times Square/42 St / N,Q,R,S,1,2,3,7
42 St/ Bryant Pk / B,D,F,M
5 Av / E,M
42 St Grand Central/42 St / S,4,5,6,7,Metro-North
Vernon Blvd Jackson Av / 7
Hunters Point / 7,LIRR
NJ Transit
34 St Hudson Yards 7
34 St /Penn Station / A,C,E,LIRR
34 St/Penn Station / 1,2,3
34 St/ Herald Sq / B,D,F,M,N,Q,R,W
33 St / 6
28 St / 1
28 St / R,W
28 St / 6
23 St
23 St / C,E
23 St / 1
23 St / F,M
23 St / R,W
23 St / 6
18 St / 1
8 Av / L
14 St / A,C,E
14 St / 1,2,3
14 St / F,M
6 Av
유니언 스퀘어
14 St/Union Sq / L,N,Q,R,W,4,5,6
3 Av / L
1 Av / L
9 St
8 St/NYU / R,W
Astor Pl / 6
워싱턴 스퀘어 파크
E 4 St
Christopher St
Christopher St/ Sheridan Sq / 1
W 4 St/Wash Sq / A,B,C, D,E,F,M
Bleecker St / 6
PATH Train
Houston St
Houston St / 1
2 Av / F
Prince St / R,W
Broadway-Lafayette St Spring St / B,D,F,M
Delancey St/ Essex St / F,J,M,Z
Spring St / C,E
Canal St / 1
Canal St / A,C,E
Canal St / J,N,Q,R,W,Z,6
Bowery / J,Z
Grand St / B,D
East Broadway / F
Franklin St / 1
Chambers St / A,C
Chambers St / 1,2,3
Park Place / 2,3
City Hall / R,W
Chambers St / J,Z
Brooklyn Bridge/City Hall / 4,5,6
World Trade Center / E
WTC
Cortlandt St / 1
Fulton St / A,C,J,Z,2,3,4,5
Cortlandt St / R,W
Wall St / 4,5
Wall St / 2,3
Rector St / 1
Rector St / R,W
Broad St / J,Z
Bowling Green / 4,5
Whitehall St / R,W
South Ferry / 1

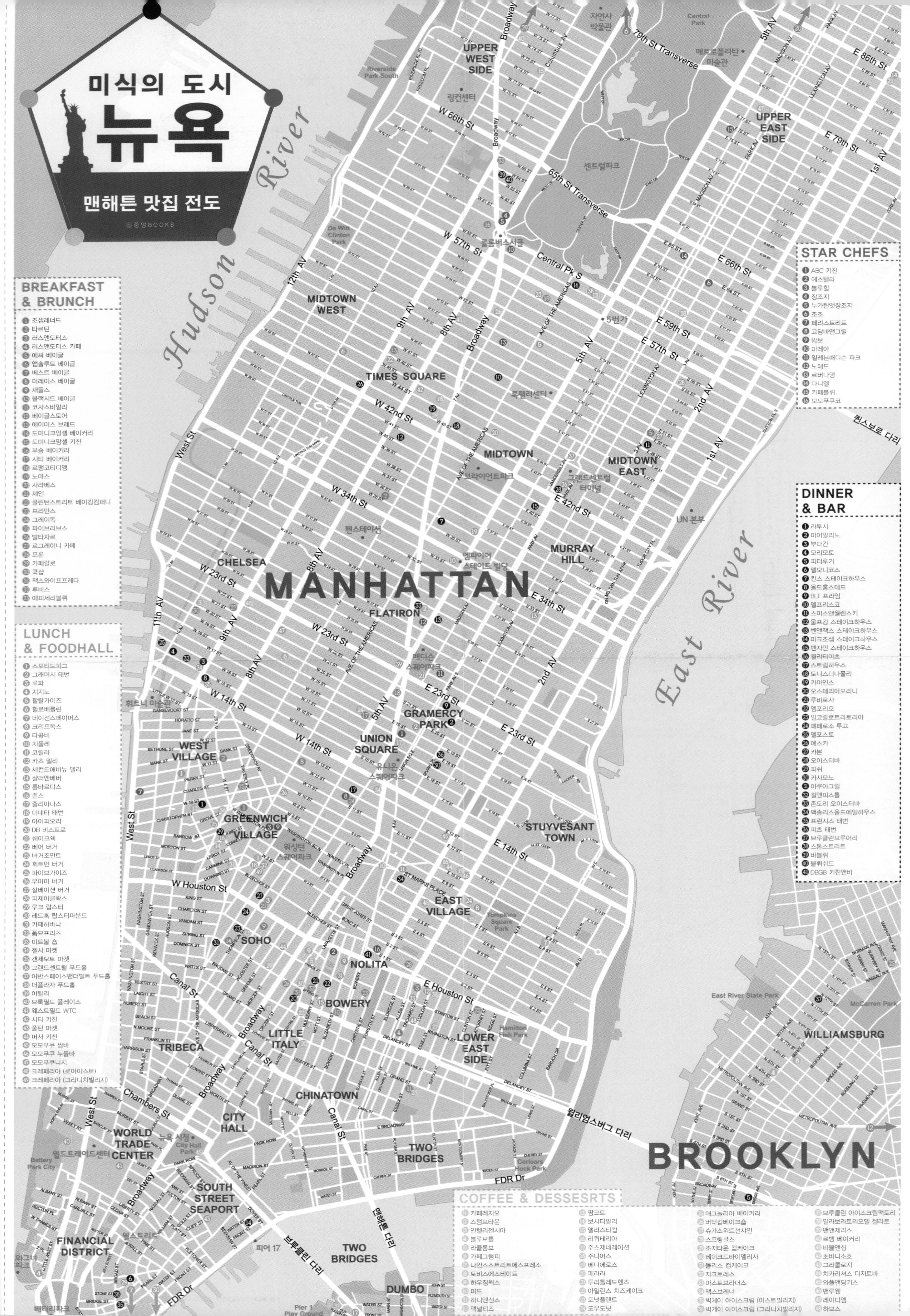

미식의 도시
뉴욕
맨해튼 맛집 전도
ⓒ중앙BOOKS
BREAKFAST & BRUNCH
1 조셉레너드
2 타르틴
3 러스앤도터스
4 러스앤도터스 카페
5 에싸 베이글
6 앱솔루트 베이글
7 베스트 베이글
8 머레이스 베이글
9 새들스
10 블랙시드 베이글
11 코사스바알리
12 베이글스토어
13 에이미스 브레드
14 도미니크앙셀 베이커리
15 도미니크앙셀 키친
16 부숑 베이커리
17 시티 베이커리
18 르팽코티디엥
19 노마스
20 사라베스
21 제인
22 클린턴스트리트 베이킹컴퍼니
23 프리만스
24 그레이독
25 파이브리브스
26 발타자르
27 르그레이니 카페
28 프룬
29 카페팔로
30 쿡샵
31 잭스와이프프레다
32 루비스
33 에피세리블루
LUNCH & FOODHALL
1 스포티드피그
2 그래머시 태번
3 루파
4 지지노
5 할랄가이즈
6 할로베를린
7 네이선스페이머스
8 크리프독스
9 타콤비
10 치폴레
11 코릴라
12 카츠 델리
13 세컨드애비뉴 델리
14 살러맨베버
15 롬바르디스
16 존스
17 줄리아나스
18 미네타 태번
19 아이피오리
20 DB 비스트로
21 쉐이크쉑
22 베어 버거
23 버거조인트
24 휘트먼 버거
25 파이브가이즈
26 우마미 버거
27 살베이션 버거
28 피제이클락스
29 루크 랍스터
30 레드훅 랍스터파운드
31 카페하바나
32 폼므프리츠
33 미트볼 숍
34 첼시 마켓
35 갠세보트 마켓
36 그랜드센트럴 푸드홀
37 어반스페이스밴더빌트 푸드홀
38 더플라자 푸드홀
39 이탈리
40 브룩필드 플레이스
41 웨스트필드 WTC
42 시티 키친
43 풀턴 마켓
44 머서 키친
45 모모푸쿠 쌈바
46 모모푸쿠 누들바
47 모모푸쿠니시
48 크레페리아 (로어이스트)
49 크레페리아 (그리니치빌리지)
STAR CHEFS
1 ABC 키친
2 에스텔라
3 블루힐
4 징조지
5 누가틴앳장조지
6 조조
7 페리스트리트
8 고담바앤그릴
9 밥보
10 마레아
11 일레븐매디슨 파크
12 노매드
13 르버나댕
14 다니엘
15 카페블뤼
16 모모푸쿠코
DINNER & BAR
1 라투시
2 마이알리노
3 부다칸
4 모리모토
5 피터루거
6 델모니코스
7 킨스 스테이크하우스
8 올드홈스테드
9 BLT 프라임
10 델프리스코
11 스미스앤월렌스키
12 울프강 스테이크하우스
13 벤앤잭스 스테이크하우스
14 마크조셉 스테이크하우스
15 벤자민 스테이크하우스
16 퀄리티미트
17 스트립하우스
18 토니스디파올리
19 카마인스
20 오스테리아모리니
21 루비로사
22 엠포리오
23 일코랄로르트라토리아
24 페페로스 투고
25 델포스토
26 에스카
27 카본
28 오이스터바
29 피쉬
30 카사모노
31 아쿠아그릴
32 컬앤피스톨
33 존드리 오이스터바
34 맥솔리스올드에일하우스
35 프런시스 태번
36 피츠 태번
37 브루클린브루어리
38 스톤스트리트
39 바블뤼
40 블뤼쉬드
41 DBGB 키친앤바
COFFEE & DESSESRTS
1 카페레지오
2 스텀프타운
3 인텔리젠시아
4 블루보틀
5 라콜롬브
6 카페그럼피
7 나인스스트리트에스프레소
8 토비스에스테이트
9 하우징웍스
10 머드
11 하니앤선스
12 맥널티스
13 핑코트
14 보시티팔러
15 앨리스티컵
16 라뀌테리아
17 주스제네레이션
18 주니어스
19 베니에로스
20 페라라
21 투리틀레드헨즈
22 아일린스 치즈케이크
23 도넛플랜트
24 도우도넛
25 매그놀리아 베이커리
26 버터컵베이크숍
27 슈가스위트선샤인
28 스프링클스
29 조지타운 컵케이크
30 베이크드바이멜리사
31 몰리스 컵케이크
32 자크토레스
33 마스트브라더스
34 맥스브레너
35 빅게이 아이스크림 (이스트빌리지)
36 빅게이 아이스크림 (그리니치빌리지)
37 브루클린 아이스크림팩토리
38 일라보라토리오델 젤라토
39 밴앤제리스
40 르뱅 베이커리
41 비블앤싑
42 초바니소호
43 그라뀰로지
44 치카리셔스 디저트바
45 와플앤딩기스
46 밴루웬
47 레이디엠
48 하브스
MANHATTAN
BROOKLYN
Hudson River
East River
UPPER WEST SIDE
UPPER EAST SIDE
MIDTOWN WEST
MIDTOWN
MIDTOWN EAST
TIMES SQUARE
CHELSEA
MURRAY HILL
FLATIRON
GRAMERCY PARK
UNION SQUARE
WEST VILLAGE
GREENWICH VILLAGE
STUYVESANT TOWN
EAST VILLAGE
SOHO
NOLITA
BOWERY
LITTLE ITALY
LOWER EAST SIDE
TRIBECA
CHINATOWN
CITY HALL
WORLD TRADE CENTER
TWO BRIDGES
SOUTH STREET SEAPORT
FINANCIAL DISTRICT
DUMBO
WILLIAMSBURG
자연사 박물관
메트로폴리탄 미술관
센트럴파크
링컨센터
콜롬버스서클
록펠러센터
5번가
브라이언트파크
그랜드센트럴 터미널
UN 본부
펜스테이션
엠파이어 스테이트 빌딩
매디슨 스퀘어파크
유니언 스퀘어파크
워싱턴 스퀘어파크
휘트니 미술관
뉴욕 시청
월드트레이드센터
월스트리트
배터리파크
피어 17
퀸스보로 다리
윌리엄스버그 다리
맨해튼 다리
브루클린 다리
Broadway
W 66th St
W 57th St
79th St Transverse
65th St Transverse
Central Pk S
E 86th St
E 79th St
E 66th St
E 59th St
E 57th St
W 42nd St
E 42nd St
W 34th St
E 34th St
W 23rd St
E 23rd St
W 14th St
E 14th St
W Houston St
E Houston St
Canal St
Chambers St
West St
FDR Dr
12th AV
11th AV
9th AV
8th AV
5th AV
5th Av
2nd AV
1st AV